NOTICE

SUR LES

TITRES ET TRAVAUX SCIENTIFIQUES

DE

M. H. BROCARD

ANCIEN ÉLÈVE DE L'ÉCOLE POLYTECHNIQUE
CORRESPONDANT DU MINISTÈRE DE L'INSTRUCTION PUBLIQUE

BAR-LE-DUC
IMPRIMERIE COMTE-JACQUET
58, Rue de la Rochelle, 58
1895

NOTICE

SUR LES

TITRES ET TRAVAUX SCIENTIFIQUES

DE

M. H. BROCARD

ANCIEN ÉLÈVE DE L'ÉCOLE POLYTECHNIQUE
CORRESPONDANT DU MINISTÈRE DE L'INSTRUCTION PUBLIQUE

BAR-LE-DUC

IMPRIMERIE COMTE-JACQUET

36, Rue de la Rochelle, 36

1895

LISTE

DES

PRINCIPAUX TITRES ET SERVICES SCIENTIFIQUES

DE L'AUTEUR

Elève du Lycée de Marseille . . . . . d'octobre	1853 à avril 1856.
Elève du Lycée de Strasbourg . . . . d'avril	1856 à septembre 1865.
Bachelier ès-sciences (Académie de Strasbourg) .	le 20 novembre 1863.
Elève de l'Ecole Polytechnique.	le 1er octobre 1865.
Membre à vie de la Société Mathématique de France	le 7 mars 1873.
Membre de la Commission météorologique du département de Constantine.	le 21 janvier 1874.
Chargé du Service météorologique du Gouvernement général de l'Algérie	le 27 janvier 1874.
Membre de la Commission météorologique du département d'Alger	le 30 mars 1874.
Secrétaire adjoint de ladite Commission	le 31 mars 1874.
Organisation des Stations météorologiques du Sud des départements d'Alger et d'Oran (du 8 mai au 18 juin 1874).	
Membre de la Commission météorologique du département d'Oran.	le 17 juin 1874.
Secrétaire et trésorier de la Commission météorologique du département d'Alger	le 25 juin 1874.
Membre associé de la Société des Sciences physiques, naturelles et climatologiques d'Alger.	le 25 septembre 1874.
Membre titulaire de ladite Société	le 6 janvier 1875.
Membre à vie de l'Association française pour l'avancement des sciences	le 12 janvier 1875.
Membre de la Société des Beaux-Arts d'Alger (Section des Sciences et Lettres)	le 22 février 1875.
Membre à vie de la Société météorologique de France	le 2 mars 1875.
Membre du Conseil de la Société des Beaux-Arts d'Alger (Section des Sciences et Lettres) . . .	le 7 septembre 1875.
Membre correspondant de la Société de Géographie commerciale de Paris	le 19 novembre 1875.

Collaborateur titulaire du *Bulletin des Sciences mathématiques et astronomiques* publié à Paris.	le 1er janvier	1876.
Collaborateur titulaire de la *Nouvelle Correspondance mathématique* publiée à Liège (Belgique).	le 1er janvier	1876.
Membre du jury des récompenses aux exposants (Section des machines agricoles) à l'Exposition générale de la Société d'Agriculture d'Alger, en 1876.	le 8 avril	1876.
Rapporteur délégué du Conseil d'Hygiène du département d'Alger.	le 5 août	1876.
Membre du Conseil de la Société Météorologique de France pour les années 1877 et 1878. . . .	le 19 décembre	1876.
Membre de la Société de Statistique, des Sciences naturelles et des Arts industriels de l'Isère. .	le 22 janvier	1877.
Membre de la Commission Météorologique du département de l'Isère	le 31 janvier	1878.
Membre correspondant de la Société de Statistique, des Sciences naturelles et des Arts industriels de l'Isère.	le 17 novembre	1879.
Chargé du Service météorologique du Gouvernement général de l'Algérie (deuxième fois). . .	le 20 novembre	1879.
Inspection des stations du réseau météorologique africain (du 7 mars au 6 juillet 1880).		
Membre du Comité local d'Alger pour la session de 1881 de l'Association française pour l'avancement des Sciences.	le 22 juin	1880.
Membre de la Commission des Constructions du Concours agricole d'Alger en 1881.	le 4 janvier	1881.
Chevalier de la Légion d'Honneur.	le 18 janvier	1881.
Représentant du Service météorologique du Gouvernement général de l'Algérie au Congrès d'Alger.	le 14 avril	1881.
Officier d'Académie.	le 14 juillet	1883.
Membre associé de l'Académie des Sciences et Lettres de Montpellier (Section des Sciences) .	le 3 décembre	1884.
Membre titulaire de ladite Académie.	le 1er mai	1885.
Secrétaire de la Section des Sciences (ibid.). . .	le 9 novembre	1885.
Membre de la Commission météorologique du département de l'Hérault.	le 7 janvier	1886.
Président pour 1887 de la Section des Sciences de l'Académie des Sciences et Lettres de Montpellier	le 8 novembre	1886.
Collaborateur honoraire de la *Bibliotheca matematica* publiée à Stockholm (Suède).	le 24 janvier	1887.
Membre de la Commission internationale du Répertoire de Bibliographie mathématique . . .	le 18 mars	1887.
Membre de la Commission locale du centenaire de l'Université de Montpellier	le 12 juillet	1887.

Membre correspondant de l'Académie des Sciences et Lettres de Montpellier.	le 12 août	1887.
Membre correspondant honoraire de ladite Académie	le 9 décembre	1887.
Président de la Société de Statistique, des Sciences naturelles et des Arts industriels du Département de l'Isère	le 13 février	1888.
Membre du Conseil des Bâtiments civils du Département de la Drôme	le 8 février	1890.
Officier de l'Instruction Publique.	le 31 mai	1890.
Collaborateur titulaire au *Progreso matematico* publié à Zaragoza (Espagne)	le 1er septembre	1891.
Membre de la Société de Géographie de l'Est (Section Meusienne).	le 21 janvier	1894.
Membre de la Commission météorologique du Département de la Meuse	le 6 mars	1894.
Bibliothécaire de la Section Meusienne de la Société de Géographie de l'Est.	le 8 mars	1894.
Membre de la Société des Lettres, Sciences et Arts de Bar-le-Duc.	le 4 avril	1894.
Membre de la Commission des Bâtiments départementaux et communaux de la Meuse	le 4 mai	1894.
Membre de l'Alliance française (Comité de Bar-le-Duc)	le 19 mai	1894.
Membre de la Société d'Agriculture de l'Arrondissement de Bar-le-Duc.	le 15 juin	1894.
Correspondant de l'Académie Royale des Sciences de Lisbonne (Portugal).	le 5 juillet	1894.
Correspondant du Ministère de l'Instruction Publique (Comité des Travaux historiques et scientifiques)	le 15 décembre	1894.

PREMIÈRE PARTIE

TRAVAUX SCIENTIFIQUES

ET

MÉMOIRES

RELATIFS AUX MATHÉMATIQUES PURES ET APPLIQUÉES

ET A L'ASTRONOMIE

1863-1894

I

NOUVELLES ANNALES DE MATHÉMATIQUES

PUBLICATION MENSUELLE FONDÉE EN 1842.

Les premières communications de l'auteur datent de 1868.

2e Série.

TOME VII. 1868.

2 mentions de questions résolues.

TOME VIII. 1869.

Solutions des questions :

870 (G. DARBOUX). Centres de courbure principaux d'une surface gauche. 463-465.

934 (G. FOURET). Centres de courbure d'une spirale d'Archimède. Solution en collaboration avec M. Grassat. 328-329.

7 mentions de questions résolues.

5 questions proposées.

TOME IX. 1870.

Solutions des questions :

466 (M'CULLAGH, CAYLEY). Enveloppe d'un plan. 281-283.

841 (HATON DE LA GOUPILLIÈRE). Chaînette à densité variable. 554-559.

3 mentions de questions résolues.

4 questions proposées.

TOME X. 1871.

6 mentions de questions résolues.

2 questions proposées.

TOME XI. 1872.

Démonstration élémentaire des formules relatives à la sommation des piles de boulets. 169-172.

L'auteur a réédité cet article en 1874 à Alger.

Solutions des questions :

57 (FINCK). Intersection de tangentes. 129.

166 (W. ROBERTS). Podaire centrale de la lemniscate de Bernoulli. 283-284.

385. Epicycloïde enveloppe de la droite qui joint les extrémités des aiguilles d'une montre. 329-331.

899 (DAUPLAY). Disques elliptiques mobiles tangents. 457-459.

988 (E. LAGUERRE). Propriété de l'ellipse de Cassini. 507-508.

14 mentions de questions résolues.

2 questions proposées.

Tome XII. 1873.

Solution de la question

56. Infinité de plans rencontrant des droites données. 439-440.

11 mentions de questions résolues.

Tome XIII. 1874.

Solutions des questions :

1118 (Lionnet). Propriétés de triangles isoscèles. 63.

37 (A. Cauchy). Racines de l'équation $9 \sin x - 5x - 4x \cos x = 0$. 238-240.

116, 117. Extension à l'hexagone sphérique des théorèmes de Pascal et de Brianchon. 337-338.

94. (O. Terquem). Discussion d'une surface du 3e degré. 424-425.

5 mentions de questions résolues.

1 question proposée.

Tome XIV. 1875.

F. HŒFER. — Histoire des mathématiques depuis leur origine jusqu'au commencement du XIXe siècle, 1874.

Compte-rendu bibliographique. 44-47.

Solutions des questions :

99 (O. Terquem). Propriété de l'hyperboloïde et du cône asymptote. 66-68.

28. Développement de la puissance d'un polynôme. 235-236.

142 (Jacques Bernoulli). Paramètre de la section d'un cône. 332-333.

10 mentions de questions résolues.

3 questions proposées.

Tome XV. 1876.

Solutions des questions :

111 (Lancret). Lieu des foyers d'une ellipse osculatrice. 182-183.

578 (Hart, Salmon). Cercle des neuf points sur la sphère. 183-184.

506. Enveloppe d'une droite mobile. 221-223.

325. Approximation des racines d'une équation. 328-330.

1075 (Lionnet). Totalité des nombres premiers. 330.

505. Levers du soleil à Paris et à Alger. 512-514.

1 question proposée.

Tome XVI. 1877.

Solutions des questions :

18. Intersection d'une droite avec une conique donnée par cinq points. 142-143.

21. Notion du cercle des neuf points. 188-190.

291. Divisibilité de nombres. 190-191.
580 (G. Lamé). Résolution d'équations littérales. 477-478.
1 mention de question résolue.
1 question proposée.

Tome XVII. 1878.

C. FRISCH. — Johannis Kepleri astronomi Opera omnia. 1858-1871.
Compte rendu bibliographique. 34-39.

Solution de la question
140. Projection conique de 2 hyperboles conjuguées. 429-430.
1 mention de question résolue.
1 question proposée.

Tome XX. 1881.

2 mentions de questions résolues.

3e Série.

Tome I. 1882.

C. A. LAISANT. — Introduction à la Méthode des Quaternions. 1881.
Compte rendu bibliographique. 332-335.

Tome II. 1883.

P. MANSION. — Introduction à la Théorie des Déterminants. 1882.
Compte rendu bibliographique. 95-96.

Tome III. 1884.

Solution de la question
487. Propriétés des plus courtes distances des hauteurs d'un tétraèdre. 531-533.

Tome IV. 1885.

Extrait d'une lettre. (144-147.)
Au sujet de la question 1029 et de la développante de l'hypocycloïde à quatre rebroussements.

Solution de la question
1500 (P. Terrier). Hyperbole équilatère et triangle inscrit. 524-525.
1 question proposée.

Tome V. 1886.

Extrait d'une lettre. (397-398)
Au sujet des spirales sinusoïdes.

TOME IX. 1890.

Solution de la question

1566. (M. D'OCAGNE). Propriété d'une conique. 157-159.

TOME X. 1891.

Solutions des questions :

1398 (E. FAUQUEMBERGUE). Sur les toroïdes. 6-7.

1452 (S. REALIS). Equation indéterminée $x^3 - (\alpha^3 - \beta^2) = y^2$. 7.

1558 (N. BARISIEN). Centres de coniques surosculatrices. 7-8.

1550 (M. D'OCAGNE). Lieu géométrique relatif à un cercle mobile. 12-13.

1553 (P. MAC-MAHON). Divisibilité. 18.

1612 (E. ROUCHÉ). Propriété des coniques. 35-36.

1613 (J. JOFFROY). Construction approchée du côté de l'heptagone régulier. 36-37.

1 mention de question résolue.

TOME XI. 1892.

A. LAISANT et **E. PERRIN**. — **Premiers principes d'Algèbre.**

Compte rendu bibliographique. (428-431).

Solutions des questions :

1545 (CHAULIAC). Normales à la parabole. 4-10.

1561 (J. MARCHAND). Propriété de la parole. 33-34.

1645 (N. BARISIEN). Propriété de la lemniscate de Bernoulli. 39-40.

1569 (CHAMBON). Enveloppe d'une droite, etc. 43-45.

1641 (LEMAIRE). Propriété du cercle et de l'hyperbole équilatère. 46-47.

TOME XII. 1893.

Solutions des questions :

1569 (CHAMBON). Note bibliographique. Origine de la **Kreuzcurve**. 53.

954 (OLGA ERMANSKA). Lieu géométrique relatif à une parabole et à des cercles. 54-55.

RÉSUMÉ.

Solutions de 46 questions.

Mention de 61 autres questions résolues.

Enoncés de 21 questions proposées.

II

JOURNAL DE MATHÉMATIQUES SPÉCIALES

publié par les élèves du Lycée de Montpellier

Première Année : 1869-1870

Ce journal paraissait les 15 et 30 de chaque mois.

Le premier numéro, du 15 décembre 1869, comprenait 8 pages (16 colonnes) de texte autographié (format grand in-4°). Les numéros suivants ont eu 14 pages (28 colonnes).

L'auteur y a collaboré à son arrivée à Montpellier (janvier 1870) et il s'est chargé de l'autographie du Journal à partir de la page 5 du n° 7 (15 mars 1870).

Cette publication, qui avait réussi à obtenir la collaboration des élèves de beaucoup de Lycées français, a été interrompue à dater du 1er août 1870 (n° 16), puis momentanément reprise du 1er décembre 1877 au 1er janvier 1878 (3 numéros).

Principaux articles publiés

Notion et usage de l'anomalie excentrique dans l'étude des propriétés de l'ellipse (nos 7 et 12, 11 colonnes, 4 figures).

Exposition et rappel de formules qui permettent de simplifier notablement la géométrie de l'ellipse.

Note sur une formule d'identité de Nicole (n° 7, 2 colonnes).

Rappel de formules classiques et application à quelques exemples intéressants.

Théorie du mouvement du double cône.

Il s'agit du double cône attribué à Nollet et qui existe dans plusieurs cabinets de Physique. On fait rouler ce double cône sur deux droites symétriques par rapport à sa base. Dans ce mouvement, le centre de figure décrit évidemment une droite dont la détermination fait l'objet du présent article ; mais l'étude complète des autres lignes qui interviennent offre un grand intérêt, et a donné lieu récemment à plusieurs communications insérées aux *Comptes Rendus* des séances de l'Académie des Sciences, par MM. de Saint-Germain, Resal, Mannheim, en 1890 et en 1891.

Note sur les courbes $\rho^m = a^m \cos m\omega$ (n° 8, 2 colonnes, 6 figures).

Indication de quelques propriétés de ces courbes, nommées *orthogénides* par M. Allégret, mais pour lesquelles la désignation de *spirales sinusoïdes*, proposée par M. Haton de la Goupillière, paraît avoir prévalu.

Aperçu historique sur la résolution des équations (nos 8 à 16, 57 colonnes).

Introduction. État de la question avant Viète. Équations du 2e degré (Lucas de Burgo), du 3e degré (Scipion Ferreo, Tartalea, Cardan, Raphaël Bombelli), du 4e degré (Louis Ferrari).

Méthodes de Viète, Guillaume Oughthred, Thomas Harriot, Wallis, de Beaune, Schooten, Bartholin, Descartes. Règle des signes. Notation des exposants. Tchirnausen. Formules d'Albert Girard. Newton. Limites des racines. Nombre de racines imaginaires. Généralisation de M. Sylvester. Méthodes d'approximation, par les séries et par la fonction dérivée. Méthode de Daniel Bernoulli. Formule d'interpolation de Newton. Leibniz. Le cas irréductible du 3e degré. Hudde. De Gua de Malves. Rolle. Séparation des racines. Théorème de Liouville. Moivre ; sa formule. De Lagny. L. Euler. Équations réciproques. Critérium de réalité des racines. R. Cotes. D'Alembert. Racines imaginaires conjuguées. Cramer et Bezout. Élimination. Déterminants. Équations du premier degré. Théorie des équations algébriques. Waring. De Marguerie. Fontaine. Vandermonde. Équations binômes. Lambert. Lagrange. Approximation par les fractions continues. Formule d'interpolation. Limites des racines. Série de Lagrange. Sommes des puissances négatives des racines. Équation aux différences, au carré des différences. Résolution du 4e degré. Résolvante du 3e degré. Gauss. Racines primitives de l'équation binôme. Foncenex.

L'auteur a réuni les indications nécessaires à la continuation de cet Aperçu historique, mais il ne lui a pas été loisible de reprendre cette publication.

Note sur l'emploi des imaginaires (no 16, 4 colonnes).

Applications à des problèmes classiques de Trigonométrie et d'Arithmologie.

Résolution d'un système d'équations simultanées à deux variables (no 16, 2 colonnes).

Ce système — de deux équations — est celui qu'a proposé O. Terquem dans son recueil d'*Exercices de Mathématiques élémentaires*, 1842, section III, no 80 (p. 186).

La même question a été, plus récemment, reproduite dans le Journal *The Educational Times*, sous le no 10055.

Note sur le limaçon de Pascal (nos 6 et 11, 7 colonnes, 3 figures).

Indication de divers modes de génération de la courbe.

Énoncé d'une propriété nouvelle : les cercles doublement tangents intérieurement au limaçon ont leurs centres sur une circonférence. (Voir aussi la question 997 des *Nouvelles Annales de mathématiques* (2), t. IX, 1870.)

Renseignements bibliographiques, dont la plupart ont été utilisés dans les notes publiées en 1876-1877 dans le *Bulletin de la Société mathématique de France*. (Voir le chapitre spécial.)

Théorie du mouvement d'une sphère qui repose sur deux droites qui se coupent et qui sont également inclinées sur l'horizon (n° 12, 2 colonnes, 1 figure).

Etude analogue à celle qui avait été exposée au n° 8 pour le mouvement du double cône. La trajectoire du centre de la sphère est une ellipse.

Une proposition plus générale, applicable à toutes les surfaces de révolution à équateur, a été énoncée par l'auteur dans *Mathesis* (tome V, 1885, question 436), et dans le journal *The Educational Times.*

Relation entre les dérivées successives de la fonction $y = \text{arc tang}\, x$. **Expression symbolique de la** $(n+1)^{\text{ème}}$ **dérivée** n° 11, 2 colonnes).

Question classique, avec application de la théorie des imaginaires.

Questions d'examen (n°s 12 à 15, 22 colonnes, 2 figures).

Enoncé ou démonstration de plusieurs questions recommandées à l'attention des élèves.

Note sur la résolution d'un système d'équations simultanées du premier degré (n° 15, 3 colonnes).

Exposé d'une application classique.

Notes diverses de bibliographie (*passim*).

Enfin l'auteur a proposé dans le Journal une vingtaine de questions à résoudre et a publié, en son nom ou à titre d'abonné, la solution de neuf d'entre elles ; une de ces dernières, relative à la détermination des trajectoires des points d'une bielle, a été reproduite partiellement dans le journal *El Progreso matematico* (t. I, 1891, pp. 221-223, 5 fig.) à l'occasion d'une étude spéciale de M. Ariza, dont un extrait avait paru au *Progreso* (t. I, pp. 86-88).

III

OUVRAGE DISTINCT

Mémoire sur divers problèmes de géométrie dont la solution dépend de la trisection de l'angle (12 p. gr. in-4°, 1 planche. Alger, juillet 1874).

La trisection de l'angle intervient naturellement dans la solution d'un certain nombre de problèmes, et il a semblé à l'auteur que ce sujet méritait une étude particulière.

Parmi les questions traitées, il en est qui ont provoqué de nouvelles recherches : l'intersection de l'hyperbole équilatère avec une circonférence, les tangentes à la cardioïde et une transformation géométrique qui fait dériver de la circonférence le trifolium.

Ce Mémoire est peut-être le premier où il ait été donné une description géométrique de cette courbe, que l'auteur a identifiée plus tard avec une des podaires de l'hypocycloïde à trois rebroussements (voir l'étude intitulée : *le Trifolium*, dans le *Journal de mathématiques spéciales*, 1891).

IV

BULLETIN DES SCIENCES MATHÉMATIQUES ET ASTRONOMIQUES

Rédigé par MM. G. Darboux, J. Hoüel et J. Tannery.

Bulletin mathématique paraissant par livraisons mensuelles depuis janvier 1870, sous la direction de la Commission des Hautes Études.

L'auteur a été admis au nombre des *collaborateurs titulaires* à partir du mois de janvier 1876.

Voici l'indication des principaux articles qu'il a publiés au *Bulletin* depuis 1876.

1re Série.

TOME X, 1er SEMESTRE 1876.

S. GUNTHER. — Lehrbuch der Determinanten-Theorie für Studirende. 1875. 1e Auflage.

Compte rendu bibliographique. 131-136.

A. HERPIN. — Dictionnaire astronomique. 1875.

Note bibliographique. 139-141.

S. NEWCOMB. — On the investigation of the orbit of Uranus. 1873.

Compte rendu bibliographique d'après l'*Annual Report* de l'Institution Smithsonienne pour 1872, et traduction de la préface de l'ouvrage. 70-72. (Cette notice avait paru antérieurement au *Journal officiel de l'Algérie.*)

TOME XI, 2e SEMESTRE 1876.

C. FRISCH. — Kepleri (J.) astronomi Opera omnia. 1858-1871.

Compte rendu bibliographique. 49-74.

Mémorial de l'Officier du Génie.

1re série, tomes I à XV (1803-1848).

2e série, tomes XVI à XXIV et suivants (1854-1875).

Note bibliographique sommaire pour la 1re série ; compte rendu plus détaillé des volumes de la 2e série. 244-255.

Proceedings of the Literary and Philosophical Society of Manchester. Tomes V, VI, VII (1865-1868).

Résumé des mémoires insérés. 255-259.

Annales des Ponts et Chaussées.

Recueil mensuel fondé en 1831 et subdivisé en séries de dix années comprenant vingt volumes.

5e série, tomes I à V (1871-1875).

Résumé des mémoires insérés. 259-267.

Revue d'Artillerie.

Recueil mensuel paraissant depuis le 15 octobre 1872.
Tomes I à VII (octobre 1872 à mars 1876).
Résumé des mémoires insérés. 74-79.

2e Série.

Tome I. (XII de la collection). 1877.

En 1873, les Rédacteurs avaient adopté la subdivision par semestre. A partir de 1877, le *Bulletin* a continué à former deux volumes chaque année, mais au lieu de correspondre chacun à un semestre, un des volumes (1re partie) a été consacré aux Mélanges et Analyses, et l'autre (2e partie) à la Revue des Publications.

1re Partie.

Comptes rendus et Analyses.

S. GUNTHER. — **Lehrbuch der Determinanten-Theorie für Studirende.** 1877. 2e Auflage.

Annonce de la deuxième édition. 377-378.

C. E. LINDMAN. — **Sur une fonction transcendante.**

Remarques et indications relatives à certaines intégrales définies. 53-54.

Mélanges.

Note sur une méthode de transformation des Séries, d'après M. Leclert.

Exposé des principes de cette méthode et des facilités qu'elle donne pour le calcul de certaines séries lentement convergentes. 356-360.

2e Partie.

Revue des Publications.

Bulletin de la Société de Statistique, des Sciences naturelles et des Arts industriels du département de l'Isère.

3e série, tome IV. 1875.
Résumé des mémoires insérés. 78.

Annales des Mines.

Recueil mensuel publié depuis 1816, pour faire suite au *Journal des Mines* fondé en 1795.

La publication a formé six séries, de 1816 à 1871. A partir de 1872, chaque série de dix années comprend vingt volumes.
7e série, tomes I à IX, 1872 à 1876.
Résumé des mémoires insérés. 317-327.

Journal des Actuaires français.

Publication fondée en 1872.
Tomes I à V. 1872-1876.
Résumé des mémoires insérés. 309-316.

Nova Acta Regiæ Societatis Scientiarum Upsaliensis.

Tomes VIII et IX. (1871-1875).
Résumé des mémoires insérés. 76-77.

Tome II. (XIII de la Collection). 1878.

1re Partie.

Comptes rendus et Analyses.

S. GUNTHER. — **Studien zur Geschichte der mathematischen und physikalischen Geographie.** 1877.

Ch. I. La doctrine de la sphéricité et du mouvement de la Terre au moyen-âge chez les Occidentaux. 410-427.

Ch II. Les Arabes. 437-446.

Ch. III. Les Hébreux. 446-452.

2e Partie.

Revue des Publications.

Annales des Mines.

7e série, tomes X à XII. 1876-1877.
Résumé des mémoires insérés. 105-106.

Annales des Ponts et Chaussées.

5e série, tomes VI à VIII. 1876-1877.
Résumé des mémoires insérés. 106-111.

Revue d'Artillerie.

Tomes VIII à XI (avril 1876-mars 1878).
Résumé des mémoires insérés. 127-133.

Tome III. (XIV de la Collection). 1879.

1re Partie.

Comptes rendus et Analyses.

S. GUNTHER. — **Studien zur Geschichte der mathematischen und physikalischen Geographie.**

Ch. IV. Hypothèses anciennes et modernes, relatives au changement chronique du centre de gravité de la Terre sous l'influence de la masse des eaux. 73-105.

Ch. V. Analyse de Codex cosmographiques de la Bibliothèque Grand-Ducale de Munich. 292-303.

Ch. VI. Jean Werner de Nuremberg, et ses contributions à la Géographie mathématique et physique. 303-311.

Ch. VII. Histoire de la courbe loxodromique. 329-339.

2e Partie.

Revue des Publications.

Mémorial de l'Officier du Génie.

2e série, tome XXV. 1876.
Résumé des mémoires insérés. 75-78.

Tome IV. (XV de la Collection). 1880.

2e Partie.

Revue des Publications.

Annales des Mines.

7e série, tomes XIII à XVII. 1878-1880.
Résumé des mémoires insérés. 204-206.

Annales des Ponts et Chaussées.

5e série, tomes XV à XIX. 1878-1880.
Résumé des mémoires insérés. 211-214.

Revue d'Artillerie.

Tomes XII à XVI. (avril 1878-septembre 1880).
Résumé des mémoires insérés. 206-211.

Tome V. (XVI de la Collection). 1881.

1re Partie.

Comptes rendus et Analyses.

S. GUNTHER. — **Die Lehre von den gewöhnlichen und verallgemeinerten Hyperbelfunktionen. 1881.**

Compte rendu bibliographique. 150-156.

2e Partie.

Revue des Publications.

Revue d'Artillerie.

Tomes XVI à XVIII (avril 1880-septembre 1881).
Résumé des mémoires insérés. 231-236.

Tome VI. (XVII de la Collection). 1882.

1re Partie.

Comptes rendus et Analyses.

S. GUNTHER. — **Parabolische Logarithmen und parabolische Trigonometrie. 1882.**

Compte rendu bibliographique. 9-11.

Tome VII. (XVIII de la Collection). 1883.

2e Partie.

Revue des Publications.

Annales des Mines.

7e série, tomes XVIII à XX. 1880-1881.
8e série, tome I. 1882.
Résumé des mémoires insérés. 83-86.

Annales des Ponts et Chaussées.

6e série, tome IV. 1882.
Résumé des mémoires insérés. 116-117.
6e série, tome V. 1883.
Résumé des mémoires insérés. 185-187.

Revue d'Artillerie.

Tomes XIX à XXI (octobre 1881-mars 1883).

Résumé des mémoires insérés. 86-89.

TOME VIII. (XIX de la Collection) 1884.

1re PARTIE.

Comptes rendus et Analyses.

S. GUNTHER. — **Lehrbuch der Geophysik und physikalischen Geographie.** Tome I. 1884.

Compte rendu bibliographique. 345-355.

2e PARTIE.

Revue des Publications.

Annales des Mines.

8e série, tomes II et III. 1882-1883.

Résumé des mémoires insérés. 68-71.

Annales des Ponts et Chaussées.

5e série, tome XX. 1880.

6e série, tomes I à III. 1881-1882.

Résumé des mémoires insérés. 71-79.

Revue d'Artillerie.

Tome XXII (avril-septembre 1883).

Résumé des mémoires insérés. 79-81.

La publication, depuis 1884, d'un *Bulletin astronomique* par M. Tisserand, membre de l'Institut, a déterminé les rédacteurs du *Bulletin des Sciences mathématiques et astronomiques* à supprimer, à partir de 1885, tout compte rendu se rapportant à l'Astronomie ou à la Mécanique céleste. En conséquence, ils ont donné à leur journal, pour titre définitif, celui de *Bulletin des Sciences mathématiques*.

La subdivision en deux volumes a été maintenue.

TOME X. (XXI de la Collection). 1886.

1re PARTIE.

Comptes rendus et Analyses.

S. GUNTHER. — **Lehrbuch der Geophysik und physikalischen Geographie.** Tome II. 1885.

Compte rendu bibliographique. 81-94.

2e PARTIE.

Revue des Publications.

Mémorial de l'Officier du Génie.

2e série, tomes XXVI. 1885.

Résumé des mémoires insérés. 235-236.

Tome XI. (XXII de la Collection). 1887.

2e Partie.

Revue des Publications.

Journal des Actuaires français.

Tomes VI à VIII. 1877-1879.
Résumé des mémoires insérés. 15-17.

Annales des Mines.

8e série, tomes IV à VIII. 1883-1885.
Résumé des mémoires insérés. 122-124.

Annales des Ponts et Chaussées.

6e série, Tomes IV à X. 1882-1885.
Résumé des mémoires insérés. 17-35.

Revue d'Artillerie.

Tomes XXIII à XXVIII, (octobre 1883-mars 1886).
Résumé des mémoires insérés. 51-57.

Bulletin de la Société de Statistique, des Sciences naturelles et des Arts industriels du département de l'Isère.

3e série, tomes V à XI. 1876-1882.
Résumé des mémoires insérés. 127-132.

Tome XIII. (XXIV de la Collection). 1889.

2e Partie.

Revue des Publications.

Annales des Mines.

8e série, tomes IX à XIV. 1886-1888.
Résumé des mémoires insérés. 190-197.

Tome XIV. (XXV de la Collection). 1890.

2e Partie.

Revue des Publications.

Annales des Ponts et Chaussées.

6e série, tomes XI à XVI. 1886-1888.
Résumé des mémoires insérés. 5-26.

Revue d'Artillerie.

Tomes XXVIII à XXXII (avril 1886-septembre 1888).
Résumé des mémoires insérés. 37-42.

Tome XVII. (XXVII de la Collection). 1893.

2e Partie.

Revue des Publications

Annales des Ponts et Chaussées.

6e série, tomes XVII à XX. 1889-1890.
7e série, tomes I à IV. 1891-1892.
Résumé des mémoires insérés. 182-194.

V

BULLETIN DE LA SOCIÉTÉ MATHÉMATIQUE DE FRANCE

Tome I. 1872-1873.

Démonstration de la proposition de Steiner relative à l'enveloppe de la droite de Simson (séance du 30 avril 1873, tome I, 1872-1873, pp. 224-226, 2 figures.) (*Article réédité à Alger.*)

La *droite de Simson*, ou *ligne pédale*, ainsi nommée parce qu'elle contient les trois projections d'un point de la circonférence sur les trois côtés d'un triangle inscrit, a pour enveloppe, quel que soit le triangle, une hypocycloïde à trois rebroussements, engendrée par un point d'une circonférence égale à celle des neuf points (ou cercle d'Euler) roulant à l'intérieur d'une circonférence concentrique et de rayon triple.

Il est donné ici, de cette importante proposition, une démonstration géométrique fondée sur l'emploi de la méthode des limites, et de laquelle on peut déduire le paramètre d'orientation qui définit la situation des axes de l'hypocycloïde.

Tome III. 1874-1875.

Propriété nouvelle du quadrilatère et du triangle (séance du 8 avril 1874, tome III, 1874-1875, pp. 38-40).

Démonstration de la propriété suivante :

Les côtés d'un quadrilatère étant pris pour diagonales de carrés, les sommets extérieurs et intérieurs de ces carrés forment deux nouveaux quadrilatères dont les médianes sont égales et se coupent à angle droit en un même point qui est leur milieu commun.

En supposant le quadrilatère circonscriptible, on passe aisément au cas particulier du triangle.

Cette proposition a donné lieu, dans la *Nouvelle Correspondance mathématique*, à de remarquables généralisations de la part de MM. H. Van Aubel (IV, 1878, 40-44), J. Neuberg (IV, 142-145), A. Laisant (III, 1877, questions 290 et 302).

Tout récemment (*Mathesis*, XIII, 1893, 216, questions 878 et 879), MM. J. Neuberg et H. Van Aubel ont énoncé la même propriété en désignant les nouveaux quadrilatères sous le nom de *pseudo-carrés*, d'après un heureux néologisme dû à M. J. Neuberg.

Note sur un compas trisecteur proposé par M. Laisant (séance du 31 mars 1875, tome III, pp. 47-48, 1 figure).

Le modèle de cet instrument a été proposé par M. Laisant à la suite de la communication d'un *Mémoire* sur divers problèmes de géométrie dont la solution dépend de la trisection de l'angle, publié à Alger en 1874.

A quelque temps de là, M. Laisant en a présenté une description au Congrès de l'Association Française tenu à Nantes (séance du 21 août 1875) (voir l'*Annuaire du Congrès de* 1875).

Enfin, M. R. Perrin a repris ce sujet de recherches dans le *Bulletin de la Société mathématique de France* (tome IV, pp. 85-87), pour obtenir la division mécanique de l'angle en un nombre quelconque de parties égales.

Tome IV. 1875-1876.

Sur la détermination d'une courbe par une propriété de ses tangentes (séance du 15 décembre 1875, tome IV, 1875-1876, pp. 42-44).

Propriétés de diverses courbes telles que les distances de deux points de l'axe des x, symétriques par rapport à l'origine, aient une relation donnée.

Parmi ces courbes on rencontre la tractrice ou courbe aux tangentes égales, la circonférence, la parabole et l'hyperbole.

Tome V. 1876-1877.

Sur l'enveloppe de la droite de Simson (séance du 29 novembre 1876, tome V, 1876-1877, pp. 18-19).

Profitant d'une remarque de M. Laquière, l'auteur indique une simplification à apporter à la démonstration exposée au T. I, pp. 224-226.

Note sur la division mécanique de l'angle (séance du 29 novembre 1875, tome V, 1876-1877, pp. 43-47, 4 figures).

Nouvelles remarques au sujet des articles précités de M. A. Laisant et R. Perrin.

Résumé d'une étude spéciale de M. Glotin, publiée au tome II (année 1863) des *Mémoires de la Société des Sciences physiques et naturelles de Bordeaux* (26 pages, avec planches).

Exposé de constructions graphiques fondées sur l'emploi de courbes trisectrices, parmi lesquelles la strophoïde oblique, la conchoïde de Nicomède, le limaçon de Pascal.

Depuis la publication de ces différents documents, la possibilité d'une division graphique de l'angle, au moyen de courbes particulières, a été signalée dans d'autres recueils mathématiques, par MM. P.-H. Schoute, R. Godefroy, G. de Longchamps (voir *Journal de Mathématiques spéciales*, 1885, 219, 220; 1886, 204, 205, etc., etc.).

NOUVELLE CORRESPONDANCE MATHÉMATIQUE

Fondée par M. E. CATALAN.

Le premier volume, commencé en août 1874, terminé en octobre 1875, s'est composé de six numéros.

Le Journal est devenu mensuel à dater de 1876.

Tome I. 1874-1875.

Extraits analytiques. Note XVI. *Sur le cercle des neuf points*. (160-161).

Démonstration, donnée par M. J. Neuberg, d'une proposition énoncée dans les *Nouvelles Annales de Mathématiques* (1874, question 1140), relative à une propriété du triangle et du *cercle des neuf points* (ou *cercle d'Euler*, passant par les milieux des côtés, les pieds des hauteurs et les milieux des segments des hauteurs compris entre leur point commun [ou *orthocentre*] et les sommets du triangle).

8 questions proposées (nos 57 à 64) (208-209).

Tome II. 1876.

Collaborateur titulaire à dater de 1876. (Voir *Nouvelles Annales de Mathématiques*. 1876. 129).

Extrait d'une lettre (30).

Au sujet de formules proposées par G. Libri pour la résolution de l'équation indéterminée

$$by - ax = c.$$

Questions de géométrie (105-108).

Intersection d'une hyperbole équilatère et d'une droite.

Rapport du vide au plein d'une série de cercles égaux juxtaposés.

Solution de la question 487 des *Nouvelles Annales de Mathématiques* (propriété des plus courtes distances des hauteurs du tétraèdre).

Notes sur divers articles de la Nouvelle Correspondance mathématique (115-117, 310-314).

Indications complémentaires, bibliographiques pour la plupart.

Note sur diverses propriétés de l'ellipsoïde et de l'ellipse (136-142).

Sphère de Monge, cercle de Monge, triangles de Poncelet, etc.

Note sur la méthode d'approximation des parties proportionnelles (176-177).

Solution de la question 325 des *Nouvelles Annales de Mathématiques* (Prouhet) : Méthode d'approximation attribuée à Cardan.

Sur un théorème de Diophante (246-247).

Propriété des trois nombres

$$X = x^2, \quad Y = (x+1)^2, \quad Z = 2X + 2Y + 2.$$

Extrait d'une lettre (248).

Au sujet d'un tracé graphique appliqué à la construction de carrés magiques spéciaux.

Note sur un lieu géométrique (277-278).

Solution d'une question proposée au concours de l'Ecole Polytechnique en 1875. Cette question avait été traitée (*Ibid.* 75-82) par M. Catalan.

Roulettes de coniques (373-384).

Roulettes des foyers d'une ellipse, du foyer d'une parabole.
(Suite et fin au T. III).

Solutions des questions :

11. Propriété des points doubles de deux divisions homographiques (59).

116. Intégration de l'équation $x\dfrac{d^2y}{dx^2} + \dfrac{1}{2}\dfrac{dy}{dx} - y = 0.$ (E. Catalan) (282-283).

150. Propriété de la spirale logarithmique (Laisant) (392-393).

160. Intégration de l'équation $\dfrac{dy}{dx} = a - bx\sqrt{y}$ (Mister) (394-395).

4 mentions de questions résolues.
23 questions proposées.

Tome III. 1877.

Roulettes de coniques (6-13, 33-40).

Roulettes du centre et des sommets d'une ellipse, du sommet d'une parabole, et, plus généralement, d'un point invariablement fixé au plan d'une conique.

Propriété du triangle (65-69, 106-110, 187-192).

Relations trigonométriques et constructions relatives à un angle ω qui joue un grand rôle dans la Géométrie du triangle. La cotangente de cet angle ω est donnée par la relation

$$\cot\omega = \cot A + \cot B + \cot C.$$

Notes sur divers articles de la Nouvelle Correspondance mathématique (*suite*) (139-141).

Indications principalement relatives, comme les précédentes, à la bibliographie des solutions publiées.

Note sur la cardioïde (231-233, 408-410).

Développement et bibliographie de la solution de la question 202, relative au lieu du sommet d'un angle droit formé par deux tangentes rectangulaires à la cardioïde.

Position limite d'une série de points du plan (269-270).

Etude d'une relation trigonométrique.

Solution d'une question de mathématiques du concours de l'Ecole Polytechnique en 1876 (27-28).

Lieu géométrique relatif à des cercles et à une hyperbole équilatère.

Solution d'une question de mathématiques du concours de l'Ecole Polytechnique en 1877 (332-334).

Lieu géométrique relatif à une hyperbole et à un cercle.

Solution d'une question de mathématiques du concours de l'Ecole Normale en 1877 (349-356).

Lieux géométriques relatifs à des coniques circonscrites au triangle.

Solutions des questions :

168. Analyse indéterminée (23-24).
183. Lieu des centres de certaines hyperboles (E. CATALAN) (26).
114 Construction d'un certain quadrilatère, d'après Matthew Collins (27).
159. Tétraèdre tronqué à bases parallèles (MISTER) (52-53).
190. Mouvement parabolique de projectiles (TAIT) (56-57).
202. Lieu du point de concours de deux tangentes rectangulaires à la cardioïde (WOLSTENHOLME) (58-61).
87. Analyse indéterminée (ED. LUCAS) (119-120).
225. Tracé d'une génératrice d'un cylindre (DELBŒUF) (125-126).
77, 78, 79, 86. Analyse indéterminée (ED. LUCAS) (166-168).
212. Coefficients d'un développement (ED. LUCAS) (279-280).
251. Courbe de poursuite (ÉD. LUCAS) (280).
221. Paramètre d'une parabole (E. CATALAN) (319-320).
247, 248. Sommes de puissances (E. GELIN) (388-390).

Communication d'une traduction d'un **Mémoire de M. A. B. KEMPE sur la production du mouvement rectiligne exact, au moyen de tiges articulées.**

Cette traduction a été utilisée conjointement avec celle que de son côté, M. Liguine avait adressée, et qui a été insérée pp. 129-139, 177-186.

7 mentions de questions résolues.

15 questions proposées.

TOME IV. 1878.

Notes sur divers articles de la Nouvelle Correspondance mathématique. *(Suite)* (45-50, 135-142).

Additions et remarques bibliographiques relatives à diverses questions résolues ou étudiées dans le Journal.

Notes élémentaires sur le problème de Pell (161-169, 193-200, 228-232, 337-343).

Il s'agit de la résolution, en nombres entiers, de l'équation indéterminée

$$x^2 - ay^2 = \pm 1,$$

a désignant un nombre non carré.

Etude historique et bibliographique, dans laquelle se trouvent cités les travaux les plus importants, depuis les recherches de Lagrange et d'Euler.

Une incorrection de langage (242-245).

Réflexions à propos de la désignation abréviative d'une conique par son équation : la parabole $y^2 = 2px$, par exemple, pour : la parabole dont l'équation est $y^2 = 2px$.

24 questions proposées.

Lehrbuch der Determinanten-Theorie für Studirende, par M. S. GUNTHER 1877.

Extraits divers et compte-rendu bibliographique (16-22).

Thèses de doctorat, soutenues par M. LAISANT.

Compte rendu bibliographique.

Indications des sujets traités (115-117).

1re Thèse. Applications mécaniques du calcul des quaternions.

2e Thèse. Sur un nouveau mode de transformation des courbes et des surfaces.

TOME V. 1879.

Sur la fréquence et la totalité des nombres premiers (1-7, 33-39, 65-71, 113-117, 263-269).

Essai d'une bibliographie de la question de la répartition et de l'ensemble des nombres premiers. Historique de ce problème, rappel et examen des recherches de Legendre, Gauss, Tchebycheff, J. Bertrand, Dormoy.

Extraits d'une lettre (235-236).

Renseignements sur certaines questions proposées dans le Journal.

Extraits d'une lettre (437-438).

Annonce de la continuation prochaine du Mémoire sur la fréquence et la totalité des nombres premiers.

Extraits analytiques. — *Résolution de certaines équations indéterminées d'ordre supérieur au second,* par M. DESBOVES (97-100).

D'après les articles des *Comptes-Rendus* des séances de l'Académie des Sciences des 22 Juillet et 19 Août 1878.

Transformation des formes linéaires, des nombres premiers, en formes quadratiques, par M. G. OLTRAMARE (188-194).

Analyse bibliographique d'un Mémoire publié par M. Oltramare.

Une page de Kepler (239-240).

Traduction, signée d'un pseudonyme, de réflexions de l'illustre astronome sur la condition précaire des mathématiciens de son temps.

Propriété du triangle (*Suite*) (323-325, 343-347, 393-397, 425-429).

Continuation du Mémoire commencé au Tome IV.

Formules diverses, relatives à l'angle ω, expression de $\cot 2\omega$, relations métriques dans le triangle, notion de l'angle φ donné par l'équation $\sin(2\varphi + \omega) = 2 \sin \omega$, etc.

Notes sur la question de mathématiques du concours de l'École Polytechnique (1879) (364-370).

Lieu géométrique relatif à une conique à centre et à des circonférences particulières.

Solutions des questions :

468. Quotient de deux polynomes (Ed. Lucas) (214-215).
138. Dénominateurs des nombres de Bernoulli (Ed. Lucas) (282-284).
139. Numérateurs des nombres de Bernoulli (Ed. Lucas) (284-285).
418bis Ecole Polytechnique. Concours de 1878 (59-61).
419 Ecole Normale. Concours de 1878 (62-64).

6 questions proposées.

Tome VI. 1880.

Propriété du triangle (*suite et fin*) (19-23, 97-100).

Autres formules relatives au triangle ; détermination d'un groupe de cinq points situés sur une même circonférence.

Extraits de lettres de M. A Genocchi à M. H. Brocard (39-43).

Sur divers points de la théorie de la représentation des nombres par des formes quadratiques.

Extraits d'une lettre (44).

Réflexions à propos de sujets de compositions mathématiques.

Propriété d'une série de triangles (145-151).

Programme d'une étude systématique d'une série de triangles orthocentriques, c'est-à-dire ayant pour sommets les pieds des hauteurs du triangle précédent.

Question proposée, de la limite dont paraît devoir se rapprocher l'orthocentre ou le point de rencontre des hauteurs de ces triangles.

Extraits de lettres (170-172, 366, 415-417).

Au sujet des nombres premiers et du théorème de Wilson.

Notes sur divers articles de la Nouvelle Correspondance mathématique (*suite et fin*), 206-215.

Bibliographie et renseignements divers.

Sur la fréquence et la totalité des nombres premiers (255-263, 481-488, 529-542).

Suite et fin du Mémoire commencé au tome V.

Exposé de résultats et de dénombrements dus à différents investigateurs (Piarron de Mondesir, Meissel, Riemann, W. Davis, Desboves, J. Glaisher, Le Besgue, F. Mertens, Ed. Lucas, etc.).

Ce Mémoire est terminé par une bibliographie qui pourra être utilement consultée.

2 mentions de questions résolues.

6 questions proposées.

Note. — L'auteur a obtenu, dans les six volumes de la *Nouvelle Correspondance mathématique*, l'insertion de quatre-vingt-deux énoncés de questions proposées, mais il y a fait publier également une trentaine d'autres énoncés empruntés à divers recueils mathématiques.

A partir de 1881, la *Nouvelle Correspondance mathématique* a cessé sa publication, mais elle a pour ainsi dire été reprise et continuée sous un titre différent (voir le chapitre relatif au journal *Mathesis*).

VII

ESSAI DE VULGARISATION SCIENTIFIQUE

NOTIONS D'ASTRONOMIE POPULAIRE

Ce travail a été composé sur l'invitation qui a été spontanément adressée à l'auteur, le 7 décembre 1874, par M. le Commandant Aublin, chef du bureau des affaires indigènes du Gouvernement Général de l'Algérie, à Alger.

Ces articles, rédigés à l'intention des indigènes, ont été réservés aux numéros du samedi, seuls traduits en arabe, du Journal officiel de l'Algérie, *le Mobacher*.

La rédaction des articles a été faite de toutes pièces, au cours de la publication même du Journal. Le manuscrit du premier article, remis le 8 décembre, a été immédiatement traduit, et le texte, français et arabe, publié dans le numéro du 12 décembre 1874.

La traduction a été confiée aux soins de M. Arnaud, interprète militaire et de deux interprètes indigènes.

Voici les principales subdivisions des articles parus dans 38 numéros du samedi, depuis le 12 décembre 1874 jusqu'au 23 octobre 1875.

Introduction. — Résumé historique de l'Astronomie arabe.

Les Etoiles et les Constellations. — Notions générales. Cassification des étoiles. Groupements en constellations. Voie lactée. Infinité de l'espace et du temps. Eternité du mouvement. Distance des étoiles. Etoiles doubles; étoiles multiples. Mouvement diurne apparent. Etoiles temporaires; Etoiles colorées; Etoiles variables. L'étoile changeante de la Baleine. Mouvement propre des étoiles. Mouvement annuel apparent. Constitution de la voie lactée. Nébuleuses. Description des principales constellations d'après Abderhaman-Soufi.

Le Soleil. — Radiation. Nature des taches. Rotation. Dimensions et Distance du Soleil. Périodicité attribuée aux taches et à une action magnétique du Soleil. Mesure du temps par le Soleil. Gnomons, division du temps, horloges. Cadrans solaires. Inégalité des jours et des nuits. Equinoxes, Solstices, Saisons. Utilité de la division du temps.

La Lune. — Mois lunaire. Orbite de la Lune. Explication des phases. Rotation. Lumière cendrée. Montagnes de la Lune. Absence d'eau et d'atmosphère. Phénomène des marées.

Les Eclipses. — Description, Explication, Périodicité. Reconstitution d'anciennes éclipses. Eclipses de soleil.

Les Planètes. — Planètes connues des Anciens. Classification moderne. La grande année.

Les Planètes inférieures. — Mercure. Vénus. Phases. Passages sur le Soleil.

Les Planètes supérieures. — Mars. Jupiter. Saturne. Anneaux de Saturne. Uranus. Neptune.

Les petites Planètes. — Probabilité de la vie sur les planètes.

Les Comètes. — Nombre des comètes. Comètes périodiques. Ténuité des comètes. Apparences. Variabilité. Constitution des comètes.

Les Météorites. — Etoiles filantes. Aérolithes. Bolides. Chutes observées. Composition de la matière des bolides. Périodicité des essaims Lumière zodiacale. Influence attribuée aux météorites sur la production des tremblements de terre et des phénomènes météorologiques, etc. Rôle de l'atmosphère.

La Terre. — Rotation diurne. Révolution annuelle. Monde connu des Anciens. Découverte du Nouveau-Monde. Sphéricité de la Terre. Isolement dans l'espace. Le jour gagné ou perdu en faisant le tour du monde. Notion des antipodes. Déviation de la verticale près des montagnes. Mouvement du pendule. Son usage pour démontrer la rotation de la Terre. Mouvement de translation. Aplatissement. Précession des équinoxes. Explication des saisons. Zones terrestres. Aurores boréales. Constitution physique de la Terre. Minéraux, Métaux. Atmosphère. Pression atmosphérique. Courants atmosphériques. Eau. Propriétés physiques de l'eau. Météores. Puits artésiens. Courants maritimes. Couleur de l'eau. Animaux de mer ou d'eau douce. La glace. Les sources thermales. Chaleur centrale. Superficie des mers. L'évaporation et le déboisement. La lumière et les végétaux.

Récapitulation des principales notions exposées dans ce travail.

Plusieurs articles de la traduction arabe ont été reproduits dans le *Djaouhaïb*, journal publié à Constantinople. L'auteur n'a pas eu le moyen de réunir tous les extraits ; il mentionne toutefois les numéros du 3 février 1875 (article sur la voie lactée) et du 27 février 1875 (le Soleil).

Un compte rendu très détaillé en a été fait dans le Journal *La Science pour tous*, 1876, t. XXI, pp. 287-288 et 303-304 par M. G. Bresson, auteur de savantes études d'astronomie publiées durant plusieurs années dans ce journal. « C'est, dit M. Bresson, le seul ouvrage d'Astronomie écrit en arabe qui soit au niveau de la science.... La *Société Climatologique d'Alger* s'y est vivement intéressée et a exprimé, dans sa séance du 22 décembre 1875, le vœu qu'il fût adopté pour l'enseignement dans les écoles arabes.... Il a été présenté à l'Académie des Sciences, à la séance du 6 décembre 1875. M. Lœwy, membre de l'Institut, à qui est due cette présentation, a fait l'éloge du travail de M. Brocard et dans une lettre particulière adressée à l'auteur, l'a félicité de ce que, tout en se mettant au niveau de ses lecteurs arabes, il a su rendre son recueil attrayant et instructif, et a exposé avec beaucoup de clarté et de précision les faits principaux de l'astronomie. »

En terminant cette analyse bibliographique, l'auteur croit devoir ajouter qu'il aurait volontiers profité d'un troisième séjour en Algérie pour rééditer ces articles et les réunir en un ouvrage spécial.

VIII

MATHESIS

Le recueil mathématique mensuel *Mathesis* est publié par MM. P. Mansion et J. Neuberg, depuis le 1er janvier 1881. Son programme est sensiblement le même que celui de la *Nouvelle Correspondance Mathématique*, dont ce journal est pour ainsi dire la continuation.

En 1877, à la suite de difficultés d'ordre intérieur, M. Catalan avait fait part à divers amis de son intention formelle de cesser la publication du journal qu'il avait fondé en 1874, la *Nouvelle Correspondance Mathématique*. L'auteur de cette Notice jugea avec raison qu'une souscription supplémentaire (84 exemplaires) pourrait ajourner momentanément cette résolution.

Cette intervention, que M. Catalan a bien voulu annoncer en termes très élogieux (*Nouv. Corresp. math.*, t. III, 1877, p. 437) aura donc prolongé de trois années la publication d'un journal très apprécié du public mathématique.

PRINCIPAUX ARTICLES PUBLIÉS

Interprétation de l'équation caractéristique de diverses courbes, II, 1882, 25-29, 49-51.

L'équation différentielle obtenue par élimination des paramètres arbitraires, entre l'équation d'une famille de courbes et les dérivées en nombre nécessaire, caractérise cette famille et donne une propriété de la tangente ou de la courbure, particulière à cette famille. L'interprétation géométrique de cette *équation caractéristique* est indiquée ici sur plusieurs exemples et probablement pour la première fois pour certaines courbes. Voir aussi t. VI, 1886, 12-13.

Communication de **l'épigraphe de Mathesis.**

D'après M. Philippe Breton (II, 1882, 16. X, 1890, 15).

La Trigonométrie rectiligne réduite à une seule formule, d'après J. Ozanam. IX, 1889, 161-162.

Cette curieuse formule empirique a été démontrée par M. P. Mansion (*loc. cit.*, 162-164, 181-182, 265-267).

Dans la suite il a été reconnu que cette formule appartient à Snellius (X, 1890, 34-36. Le Paige) et qu'elle est même d'invention plus ancienne, et due à Nicolas de Cusa (XII, 1892, 230-231. Cantor et Lampe).

Elle a pour expression

$$\varphi = \frac{3 \sin \varphi}{2 + \cos \varphi}.$$

Propriété géométrique d'un certain groupe de deux systèmes de circonférences concentriques. IV, 1884, 219-220.

Exposé d'une proposition de géométrie élémentaire relative à un groupe de deux systèmes de circonférences concentriques à rayons équidifférents, réduites à une moitié de leur périmètre et se raccordant deux à deux, pour figurer une variété du tracé employé en architecture pour le dessin de la *spirale ionique*.

A propos du périmètre de l'ellipse. II, 1882, 180-181.

Note sur certaines formules d'approximation.

Sur le théorème de Crelle. IV, 1884, 38. VI, 1886, 153.

(Au sujet de propriétés des nombres composés de chiffres 1).

Quelques définitions mathématiques, d'après le Dictionnaire de l'Académie française. V, 1884, 108-110.

(Article signé d'un pseudonyme).

Sur une classe particulière de triangles. XI, 1891, 153-157.

Il s'agit de triangles ayant un angle constant et même cercle inscrit ou ex-inscrit. L'étude de ces triangles conduit à des formules de la *trigonométrie parabolique*.

Propriétés du trifolium, etc., XII, 1892, 74.

Indication de propriétés nouvelles du *trifolium* à ajouter au Mémoire relatif à cette courbe, annexé en *Supplément* au n° de mars 1892.

Notes sur quelques questions d'examens de licence.

II,	1882,	102-106, 127-128, 161-164.	8 questions.
III,	1883,	128-129, 182-183.	5 questions.
IV,	1884,	124-127.	5 questions.
V,	1885,	54-55, 130-131, 156, 169, 224-225.	9 questions.
VI,	1886,	12-13, 79-80, 125-126, 250-252.	7 questions.
VII,	1887,	135-136.	1 question.
VIII,	1888,	130-131.	1 question.
IX,	1889,	137-138.	2 questions.
X,	1890,	60-62.	2 questions.
XII,	1892,	163-165, 196-198.	5 questions.
			45 questions.

Toutes les questions résolues ou traitées dans les *Notes* précitées ont été données aux examens de licence ès-sciences mathématiques, à Paris ou dans les départements ; elles sont toutes relatives à l'intégration d'équations différentielles isolées ou simultanées.

Notes bibliographiques diverses, *parmi lesquelles les suivantes :*

1° les raccordements paraboliques, IV, 1884, 43.
2° l'évaluation approchée des aires planes, V, 1885, 30-31.
3° les suites de Farey, V, 1885, 76.
4° la toroïde, VII, 1887, 192-193.
5° le billard circulaire, X, 1890, 219.
6° les formules relatives aux polygones réguliers, XI, 1891, 254-255.

La plupart de ces notes bibliographiques, ainsi qu'un grand nombre d'autres, ont été ajoutées au moment de la revision des épreuves, dont l'auteur reçoit obligeamment communication depuis sa rentrée en France, fin mai 1883.

QUESTIONS DE CONCOURS ANNUELS

Ecole Polytechnique. *Concours de* 1884. — IV. 1884. 204-205.

Lieu géométrique relatif à l'ellipse ou à l'hyperbole et exposé de quelques indications pour la solution de cette question.

Ecole Polytechnique. *Concours de* 1885. — V. 1885. 159.

Remarques au sujet de la question donnée en 1885 (ellipse et circonférences) résolue d'autre part (pp. 157-159).

Ecole Polytechnique. *Concours de* 1886. — VI. 1886. 205-208.

Lieu géométrique relatif à deux hyperboles équilatères. Exposé d'une solution fondée sur une propriété du *parallélogramme asymptotique*, généralisation du *rectangle asymptotique* de l'hyperbole équilatère.

Ecole Polytechnique. *Concours de* 1887. — VII. 1887. 182-183.

(Solution en collaboration avec M. J. Neuberg). La question proposée se ramène très simplement à la construction d'une podaire de l'hypocycloïde triangulaire (ou à trois rebroussements) par rapport à un point de la circonférence du cercle tritangent.

Cette intéressante recherche a particulièrement contribué à ramener l'attention de l'auteur sur la géométrie de l'hypocycloïde triangulaire et des différentes lignes associées à cette courbe remarquable, et à le déterminer à étudier ces courbes dans un Mémoire, publié à quelque temps de là dans le *Journal de mathématiques spéciales* (1891. Le Trifolium).

COMPTES-RENDUS BIBLIOGRAPHIQUES

Ed. Lucas. — **Récréations mathématiques**, t. I. 1882. — II. 1882. 181-183.

ED. LUCAS. — **Récréations mathématiques**, t. II. 1883. — III. 1883. 202-203.

A. LAISANT. — **Introduction à la Méthode des Quaternions.** 1881. — II. 1882. 32-34.

A. LAISANT. — **Théorie et applications des Equipollences.** 2e édition. 1887. — VII. 1887. 184-185.

J. CASEY. — **A Treatise on spherical Trigonometry,** etc. 1889. — IX. 1889. 158-159.

A. DOWLING. — **A Sequel to the first six Books of the Elements of Euclid.** 6e édition. 1892. XIII. 1893. 17-18.

(Compte rendu en collaboration avec M. P. Mansion).

ED. LUCAS. — **Récréations mathématiques**, t. III. 1893. — XIII. 1893. 90-91.

STATISTIQUE PARTICULIÈRE DES QUESTIONS RÉSOLUES OU PROPOSÉES

Tome I. 1881.

Solutions des questions :

12. (P. MANSION). — Chaînette roulant sur un cercle. 71-72.
28. (E. DEWULF). — Propriété de paraboles. 113-114.
20. (J. NEUBERG). — Point remarquable du triangle. 148-149.
7. Résolution de l'équation du 4e degré. 199. (Voir aussi t. II. 1882. 181).

4 mentions de questions résolues.

2 questions proposées.

TOME II. 1882.

Solutions des questions :

98. (J. NEUBERG). — Propriété de la spirale logarithmique. 46-47.
65. (E. CATALAN). — Méthode des isopérimètres. 245-248.

5 mentions de questions résolues.

TOME III. 1883.

Solutions des questions :

37. (ED. LUCAS). — Normales à la parabole. 36.
71. (J. NEUBERG). — Normales à l'ellipse. 39-40.
82. (E. CATALAN). — Sur le théorème de Fermat. 41-42.
214. Trajectoires orthogonales de circonférences. 70-71.
154. (J. STEINER). — Ellipse circonscrite au triangle. 185-186.

6 mentions de questions résolues.

14 questions proposées.

Tome IV. 1884.

Solutions des questions :

287. (E. Cesaro). — Chiffre terminal d'un nombre triangulaire. 70.

182. (E. Catalan). — Sur une trisection approximative de l'angle, par M. Boblin. 86-87.

4 mentions de questions résolues.

5 questions proposées.

Tome V. 1885.

Solutions des questions :

300. (T. Verstraeten). — Foyers du contour apparent d'un ellipsoïde 64-65.

285 (E. Catalan) — Propriétés de la cycloïde. 185-186.

258. 259. (J. Neuberg). — Lieu géométrique relatif au triangle. 208-210.

204. Génération d'une quartique. 227-228.

3 mentions de questions résolues.

4 questions proposées.

Tome VI. 1886.

Solutions des questions :

434. (L. Larrivet). — Perspective conique. 43-45.

199. (Clevers). — Tracé de circonférences, solution en collaboration avec M. J Neuberg. 208-210.

94. Problème relatif à trois cercles. 228-229.

8 mentions de questions résolues.

4 questions proposées.

Tome VII. 1887.

Solutions des questions :

528. Décomposition de certains nombres (111...111) 73-75.

358 (Barbarin). Lieu de sommets de coniques. 139-141.

526 (Farisano). Lieu géométrique et enveloppe. Propriété de l'hyperbole. 164-165.

529 (de Rocquigny). Problème relatif au triangle. 167-168.

5 mentions de questions résolues.

3 questions proposées.

Tome VIII. 1888.

209. Podaire d'une courbe particulière. 167-169.

430 (Barbarin). Problème relatif à des paraboles. 170-171.

603 (Jerabek). Enveloppe d'axes de certaines paraboles. 236-237.

11 mentions de questions résolues.

1 question proposée.

Tome IX. 1889.

8 mentions de questions résolues.

TOME X. 1890.

Solutions des questions :

669. Propriété de l'heptagone régulier. (Note). 48.

494. Triangle équilatéral maximum ou minimum circonscrit à une ellipse donnée. 144-146.

517 (FALISSE). Lieu géométrique. 165.

390 (LIMBOURG). Equilibre d'un cadre rectangulaire. 201.

8 mentions de questions résolues.

5 questions proposées.

15 énoncés de questions de *géométrie élémentaire*, insérés parmi les questions d'examens.

TOME XI. 1891 (ou 2e Série, t. I).

Solution de la question

718. Résolution d'un système d'équations. 211.

5 mentions de questions résolues.

1 question proposée.

TOME XII. 1892 (ou 2e Série, t. II).

Solution de la question

735 (DÉPREZ). Lieux géométriques relatifs à la parabole. (Solution partielle) 206-207.

3 mentions de questions résolues.

TOME XIII. 1893 (ou 2e Série, t. III).

Solutions des questions :

801 (A. MOREL). Photométrie. 170.

827 (N. BARISIEN). Propriété de l'ellipse. 234.

RÉSUMÉ.

Solutions de 36 questions.

Mention de 70 autres questions résolues.

Énoncés de 54 questions proposées.

NOTE. — Comme pour les *Nouvelles Annales de Mathématiques* et la *Nouvelle Correspondance Mathématique*, ce relevé est certainement incomplet, malgré toute l'attention apportée à établir un dénombrement précis.

TIRAGES A PART DE MÉMOIRES MATHÉMATIQUES
ANNEXÉS EN SUPPLÉMENTS

Le Journal *Mathesis* a innové et mis en pratique l'excellente et originale idée de distribuer, sous forme de *Suppléments*, des Mémoires mathématiques extraits de diverses publications.

Pour sa part, l'auteur a donné les suivants :

SUPPLÉMENT AU t. II, 1882.

Etude d'un nouveau cercle du plan du triangle. 22 pages, 12 figures.

Extrait de l'Annuaire de l'Association française pour l'avancement des sciences. Congrès d'Alger, 1881, séance du 16 avril.

M. J. Neuberg a bien voulu y ajouter une Préface.

SUPPLÉMENT AU t. IV, 1884.

Nouvelles propriétés du triangle. 11 pages, 1 planche.

Extrait de l'Annuaire de l'Association française pour l'avancement des Sciences. Congrès de Rouen, 1883, séance du 23 août.

SUPPLÉMENT AU t. VII, 1887.

Propriétés d'un groupe de trois paraboles. 8 pages, 2 planches.

Extrait des Mémoires de l'Académie de Montpellier. Section des Sciences, 1886.

SUPPLÉMENT AU t. XII, 1892.

Le Trifolium. 58 pages, 22 figures.

Extrait du Journal de Mathématiques spéciales, 1891.

L'auteur a également contribué à la distribution de certains autres *Suppléments* dus à la libéralité de divers collaborateurs.

QUESTIONS NON RÉSOLUES

DE LA NOUVELLE CORRESPONDANCE MATHÉMATIQUE

Puisque la *Nouvelle Correspondance Mathématique* revivait, pour ainsi dire, sous une autre forme, il était logique et naturel que le journal *Mathesis* reproduisît les énoncés et publiât les solutions des questions non résolues en 1880.

Le nombre des énoncés ainsi réédités atteint et dépasse 45, que l'auteur a transcrits et adressés pour l'impression, et dont il a fourni une statistique spéciale comparative, publiée à la fin du t. X (1890) pour les dix premiers volumes formant la première série du journal *Mathesis*.

IX

ASSOCIATION FRANÇAISE

POUR L'AVANCEMENT DES SCIENCES

Fondée en 1872, reconnue d'utilité publique par décret du 9 mai 1876.

TRAVAUX MATHÉMATIQUES

PUBLIÉS DANS L'ANNUAIRE DE L'ASSOCIATION

10e Session.

Congrès d'Alger. 1881.

Séance du 16 avril.

Etude d'un nouveau cercle du plan du triangle. 138-159. 22 figures.

Au Congrès de Toulouse en 1887, M. Laisant a exposé en ces termes le but et l'importance de ce travail (*Notice historique*. 1887, p. 39) :

« M. Brocard, dans cette étude, a résumé et complété des résultats obtenus et publiés dans les quatre derniers volumes de la *Nouvelle Correspondance mathématique* (1877 à 1880).

« Les segments capables des suppléments des angles A, B, C, décrits respectivement sur les côtés c, a, b et b, c, a d'un triangle, déterminent deux points remarquables ω', ω'', dont les relations avec les sommets et avec le centre K des médianes antiparallèles ont été signalées en tous détails par nos collègues MM. E. Lemoine et H. Brocard. En particulier, la corrélation très intime qui existe entre les trois points K, ω', ω'', qui forment toujours un triangle isoscèle, et entre les cercles, toujours réels et concentriques, découverts par ces deux géomètres, n'a pas manqué d'éveiller, avec juste raison, l'attention des chercheurs. Il en a été de même de propriétés plus spéciales de certains triangles qui ont été exposées dans le mémoire précité.

« Ce mémoire, paru en supplément au tome II (1882) de *Mathesis*, a donné, grâce à un remarquable travail de notre savant collègue de l'Université de Liège, M. J. Neuberg, le signal d'un important mouvement de curiosité des géomètres vers l'étude du triangle. »

12e Session.

CONGRÈS DE ROUEN. 1883.

Séance du 23 août.

Nouvelles propriétés du triangle. 188-196. 1 planche.

Voici, empruntée au recueil déjà cité (*Notice historique*. 1887, p. 44), l'appréciation qui en a été donnée par M. LAISANT :

« Ce mémoire fait suite à celui du même auteur, présenté en 1881. On y trouve l'indication des propriétés d'une série de points remarquables du triangle répartis en groupes de trois points en ligne droite. Il a été, comme le précédent, ajouté en supplément au tome IV (1884) de *Mathesis*, pour donner de nouvelles facilités à l'étude de ces intéressantes propriétés géométriques.

« La publication de ces documents a été suivie d'un nombre toujours croissant de travaux d'une grande variété, qui ont été le résultat de recherches fort assidûment continuées en France, en Allemagne, en Angleterre, en Belgique. Notre collègue, M. E. Lemoine, a eu, à ce sujet, l'heureuse idée de fixer les bases de la bibliographie de cette nouvelle géométrie (*Congrès de Grenoble*. 1885). »

La planche de gravure du Mémoire de Rouen a été mise gracieusement par l'auteur à la disposition de deux journaux mathématiques qui lui ont donné ainsi une nouvelle publicité :

1° Le *Journal de Mathématiques spéciales* de M. G. de Longchamps, à Paris (voir 2e série, t. IV, 1885, pp. 12-13, note de M. G. de Longchamps, formant préface à l'étude des *Propriétés de l'hyperbole des neuf points et de six paraboles remarquables*).

2° La *Zeitschrift für math. und naturw. Unterricht*, de M. H. Lieber (ancien Journal de Hoffmann) à Leipzig. (Voir t. XV, 1884, pp. 365-366, annonce de M. H. Lieber et description de la gravure).

NOTE. — Les deux études précitées, considérablement développées depuis dans les *Annuaires de l'Association* et dans plusieurs journaux mathématiques de France et de l'étranger (*Journaux de mathématiques élémentaires et de mathématiques spéciales*, *Mathesis*, *The Educational Times*, *Zeitschrift*, etc., etc.) ont fini par constituer un véritable corps de doctrine dont on peut suivre le développement dans cinq éditions consécutives de l'ouvrage de M. J. Casey, *A Sequel to Euclid*, traduit et publié dans *Mathesis* en 1889, par M. Falisse, et dans la 6e édition (1891) du *Traité de Géométrie* de MM. Rouché et de Comberousse, sous le titre de : *Géométrie récente du Triangle*, par M. J. Neuberg (429-499).

X

JOURNAL DE MATHÉMATIQUES ÉLÉMENTAIRES

ET DE

MATHÉMATIQUES SPÉCIALES

JOURNAL DE MATHÉMATIQUES ÉLÉMENTAIRES

Fondé en 1877 par M. J. Bourget, continué à dater de 1885 par M. G. de Longchamps.

2e Série. Tome IV. 1885.

Solution de la question

166 (Hadamard). Formules trigonométriques. 285-287.

3e Série. Tome II. 1888.

J. CASEY. — A Treatise on plane Trigonometry. 1888.

Compte rendu bibliographique. 160-162.

4e Série. Tome I. 1892.

Mention d'une question résolue.

Une question proposée.

4e Série. Tome II. 1893.

Solution de la question

365. Problème de construction de tangentes à deux circonférences. 36.

JOURNAL DE MATHÉMATIQUES SPÉCIALES

Fondé en 1877 par M. J. Bourget (mais fusionné alors avec le *Journal de Mathématiques élémentaires*), continué à dater de 1885 par M. G. de Longchamps.

2e Série. Tome III. 1884.

Hyperbole des neuf points; nouvelle analogie entre l'hyperbole équilatère et le cercle. (197-209, 1 figure.)

La conique étudiée dans cette notice est l'hyperbole équilatère circonscrite au triangle et passant par le centre de gravité du triangle.

Notes diverses relatives à certaines relations métriques.

2e Série. TOME IV. 1885.

Propriétés de l'hyperbole des neuf points et de six paraboles remarquables. (12-15, 30-33, 58-64, 76-80, 104-112, 123-131, 6 figures, 1 planche.)

Cette notice fait suite à celle du tome III, 1884, mentionnée ci-dessus. L'hyperbole étudiée dans ces deux articles est la transformée par droites symétriques ou par points inverses du diamètre OK du cercle OKω'ω". Cette hyperbole a une très grande importance dans la Géométrie du Triangle et elle a donné lieu à une nombreuse série de remarques et de propositions nouvelles.

2e Série. TOME V. 1886.

Extrait d'une lettre. (91-92.)

Remarque de M. J. Neuberg sur l'équation de l'hyperbole des neuf points.

Extrait d'une lettre. (142.)

Au sujet des propriétés d'une quartique trinodale, qui se présente dans diverses questions de géométrie. Elle se rencontre, entre autres, dans la question de mathématiques du concours de l'Ecole Polytechnique en 1874.

Extrait d'une lettre. (214.)

Renseignement bibliographique au sujet de la strophoïde.

3e Série. TOME I. 1887.

Extrait d'une lettre. (66-68, 2 figures.)

Contributions à la géométrie du folium double, du trifolium droit et du trifolium équilatéral, courbes qui sont toutes les trois des podaires de l'hypocycloïde à trois rebroussements.

3e Série. TOME III. 1889.

Solution de la question

183 (G. DE LONGCHAMPS). Lieu géométrique relatif aux normales et aux tangentes à l'ellipse. 142-143.

3e Série. TOME IV. 1890.

Solutions des questions :

155 (J. NEUBERG). Problèmes sur l'ellipse et la corde commune avec le cercle osculateur. 138-139.

156 (J. NEUBERG). Mêmes données; problèmes analogues, 138-139.

112 (G. DE LONGCHAMPS). Triangle rectangle inscrit à une parabole. 173-174.

225 (M. D'OCAGNE). Propriété de la parabole. 253.

233 (G. DE LONGCHAMPS). Construction de la tangente à la courbe $\rho = a \tang \omega$. 273-274.

248 (MANNHEIM). Lieux géométriques relatifs à l'ellipse. 284-285.

2 mentions de questions résolues.

3e Série. Tome V. 1891.

Le Trifolium. (32-42, 56-64, 80-85, 106-115, 123-132, 149-157, 177-181.) (56 pages, 22 figures.)

M. G. de Longchamps a proposé d'appeler trifolium oblique, ou simplement trifolium, la podaire de l'hypocycloïde à trois rebroussements par rapport à un point de la circonférence tritangente.

Le trifolium est susceptible d'une autre génération qui le fait dériver de la circonférence par une transformation très simple, étudiée pour la première fois dans le *Mémoire* de 1874 (voir § III) et qui, appliquée à une droite donnée, change celle-ci en une hyperbole équilatère.

Ces deux définitions du trifolium donnent le moyen de découvrir un grand nombre de propriétés nouvelles de cette courbe.

Subdivisions du présent travail :

Objet de cette notice. Construction du trifolium oblique. Points remarquables du trifolium oblique. Le trifolium oblique et le trifolium régulier. Tangente et normale au trifolium oblique. Le trifolium oblique et l'hypocycloïde triangulaire. Une quartique trinodale. Triangles associés au trifolium oblique. Courbure du trifolium oblique. Hyperbole équilatère associée au trifolium oblique. Podaires particulières de l'hypocycloïde triangulaire. Le trifolium droit. Le folium double. Autres constructions du trifolium oblique. Un mode de transformation géométrique. Hyperboles équilatères tangentes au trifolium oblique. Questions diverses. Résumé et conclusions. Indications bibliographiques.

Note. — Ce Mémoire a été annexé en *supplément* au tome XII (1892) de *Mathesis*, de la part de l'auteur.

De nouveaux éléments sont aujourd'hui réunis en nombre suffisant pour donner le sujet d'une étude complémentaire qui paraîtra ultérieurement.

Extrait d'une lettre. (245-246, 2 figures.)

Remarque au sujet de la trisectrice de Mac-Laurin.

Solutions des questions :

236. Normales à la parabole. 45-46.

247 (Griess). Lieu géométrique relatif à l'ellipse. 69-70.

279 (G. de Longchamps). Propriété de l'hyperbole équilatère. 237-238.

267 (d'Ocagne). Propriété de l'hyperbole équilatère. Note particulière. 258-259.

277 (A. M.). Coordonnées des points de l'ellipse. 261-263.

281 (A. Tissot). Géométrie de l'ellipse et de l'hyperbole équilatère. 286-288.

3 mentions de questions résolues.

4e Série. Tome I. 1892.

Addition à l'étude du trifolium. 137.

Application de la notion du rectangle asymptotique à l'étude de l'hyperbole équilatère.

Note bibliographique. 54.

A propos des déterminants dont plusieurs termes sont formés de zéros.

Solutions des questions :

288 (Mannheim). Normale la plus éloignée du centre de l'ellipse. 42.

287 (G. Russo). Enveloppe de l'axe radical de circonférences. 46.

316 (G. de Longchamps). Normales à la parabole. 212-215.

319 (E. Catalan). Aire constante d'un segment de courbe particulière. 237-239.

323 (A. Tissot). Propriété du cercle bitangent à une conique. 285-286.

3 mentions de questions résolues.

4e Série. Tome II. 1893.

Extrait d'une lettre. 115.

Remarques relatives à une question (n° 49) et à la géométrie du folium double.

Solutions des questions :

87 (S. Realis). Nombres à la fois triangulaires et doubles d'un triangulaire. 117-120.

187, 188, 189 (S. Realis). Construction des courbes

$$y_1 = \log x + \operatorname{tang}\left(\frac{\pi}{2} - x\right),$$

$$y_2 = \log x + \operatorname{tang}\left(\frac{\pi}{2} + x\right) \quad y = \frac{y_1}{y_2} \quad \text{et} \quad y = \frac{y_2}{y_1}.$$ 86-88.

Renseignements bibliographiques.

L'auteur reçoit, depuis le mois de février 1890, l'obligeante communication des épreuves des deux *Journaux de Mathématiques élémentaires et spéciales*. Il en profite pour y ajouter, le cas échéant, quelques indications bibliographiques données au cours même de la revision des épreuves.

XI

ACADÉMIE DES SCIENCES ET LETTRES
DE MONTPELLIER

I

COMMUNICATIONS A LA SECTION DES SCIENCES

Propriétés de deux groupes de trois paraboles confocales.

(*Séance du* 10 *mars* 1885.)

On doit à M. Artzt la notion et l'étude de deux groupes de trois paraboles associées à un triangle.

Les paraboles d'un de ces groupes sont tangentes à cinq droites :

1° Les deux bissectrices de l'angle,

2° Les perpendiculaires aux milieux des côtés qui comprennent cet angle (ou *médiatrices*),

3° La ligne qui joint les milieux précités.

Si l'on considère la circonférence ayant pour diamètre la ligne qui joint le centre du cercle circonscrit au point de rencontre des symédianes, les lignes qui joignent ce dernier point aux sommets du triangle rencontrent cette circonférence en trois points qui sont les foyers des paraboles, dont les directrices sont les médianes du triangle.

Les paraboles du second groupe sont tangentes à deux côtés du triangle aux extrémités du troisième. Elles ont leurs axes parallèles aux médianes. Elles ont mêmes foyers que les paraboles du premier groupe, et comme celles-ci, elles sont tangentes aux droites qui joignent les milieux des côtés du triangle (ou *intermédianes*).

Leurs intersections se font deux à deux sur les médianes du triangle, et en ces points qui les divisent dans le rapport de 1 à 8, les tangentes sont parallèles aux deux autres médianes.

(Voir le Mémoire de M. Artzt, *Untersuchungen über ähnliche Punktreihen..., ein Beitrag zur Geometrie des Brocard'schen Kreises*. 1884, Programme scolaire de Recklinghausen).

L'objet spécial de la communication de ce jour était de signaler, à l'Académie, la remarquable propriété des paraboles du premier groupe d'admettre deux tangentes communes rectangulaires passant par le centre de gravité du triangle, point commun à leurs directrices.

L'une de ces tangentes rencontre les médiatrices en trois points, sommets de triangles isoscèles semblables, intérieurs au triangle donné, et dont l'angle φ à la base est déterminé par l'équation

$$\sin(2\varphi + \omega) = 2 \sin \omega$$

ou

$$\cot^2 \varphi - 2(\cot A + \cot B + \cot C) \cot \varphi + 3 = 0.$$

Propriété du cercle des neuf points.

(*Séance du 13 avril 1885.*)

L'auteur appelle l'attention de l'Académie sur une intéressante propriété, qu'il croit nouvelle, du cercle des neuf points, (ou cercle d'Euler), de renfermer quinze points qui sont les foyers de quinze paraboles très faciles à construire.

Trois de ces paraboles sont tangentes à deux côtés du triangle et aux deux hauteurs correspondantes. Leurs foyers sont les pieds des hauteurs et leurs directrices sont les côtés du triangle orthocentrique.

Les douze autres paraboles sont tangentes à deux côtés aux pieds des hauteurs des quatre triangles représentés par le triangle donné et ensuite par trois triangles formés par un côté associé aux deux hauteurs issues des deux extrémités. Les foyers sont alors les points du cercle d'Euler où se rencontrent les médianes avec les circonférences circonscrites aux triangles obtenus en menant des parallèles aux côtés du triangle orthocentrique à moitié distance des sommets.

Sur l'équation caractéristique de diverses familles de coniques.

(*Séance du 11 mai 1885*)

Les premières recherches des géomètres à ce sujet doivent être attribuées à Monge, mais le problème, pris dans toute sa généralité, n'a pas reçu jusqu'à présent d'interprétation géométrique. Il n'en est pas de même pour un certain nombre de cas particuliers. Ainsi, pour l'ellipse rapportée à son centre et à ses axes, l'équation caractéristique est la traduction analytique de la construction du rayon de courbure indiquée par M. A. Mannheim (*Géométrie descriptive*, p 175).

Pour la développée de l'ellipse, on a la construction du centre de courbure donnée par Mac-Laurin et mentionnée aussi par M. A. Mannheim (*loc. cit.* p. 201).

Enfin, pour l'hyperbole équilatère rapportée à son centre et à des axes quelconques, on rencontre la construction du cercle osculateur donnée pour la première fois par Plücker (*Analyt. Geom. Entwickelungen.* T. I, p. 231).

Rapport sur un Mémoire de M. Martins Pereira.

(*Séance du 8 janvier 1886.*)

L'Académie a reçu de M. le Professeur Martins Pereira, de l'École de Médecine de Lisbonne, un important *Mémoire sur la rotation et le mouvement curviligne*. Ce travail a été renvoyé à l'examen de la Section des Sciences. L'auteur de ces lignes, à ce moment secrétaire de la Section, a été chargé de la rédaction du Rapport sur ce Mémoire qui contient des théories d'une grande hardiesse et dignes d'attention, en raison de la nouveauté et de l'originalité de leur démonstration, mais qui auront besoin de la confirmation de l'expérience.

II

TRAVAUX MATHÉMATIQUES PUBLIÉS DANS LES MÉMOIRES DE LA SECTION DES SCIENCES

TOME XI. 1883-1886

Propriétés d'un groupe de trois paraboles (51-58, 2 planches).

(*Séance du* 13 *avril* 1885.)

Les lignes homologues d'un triangle permettent de définir plusieurs groupes de paraboles.

L'auteur expose les propriétés d'un nouveau groupe de trois paraboles associées au triangle et qui offrent plusieurs analogies avec les paraboles étudiées dans une précédente séance (10 *mars* 1885).

Ce groupe est formé des trois paraboles tangentes aux deux bissectrices de chaque angle et aux deux hauteurs correspondant aux côtés de cet angle.

Ces paraboles sont toutes les trois tangentes à deux droites rectangulaires passant par le centre K des symédianes du triangle, point de rencontre des directrices.

Le parallèle établi entre ce groupe de coniques et le premier groupe des paraboles de M. Artzt (voir ci-dessus) donne un intéressant exemple d'un genre peut-être nouveau de réciprocité dans les propriétés de certains points du triangle, transformés les uns des autres par droites symétriques.

Les points de contact des tangentes rectangulaires communes, ainsi que des tangentes formées par les bissectrices et les hauteurs considérées, peuvent être facilement déterminés par des constructions géométriques, et l'on en déduit diverses propriétés du triangle.

En suivant la même voie, il est certain que l'étude comparative des autres groupes de trois paraboles associées au triangle conduira à un ensemble de propriétés dignes d'attention. C'est ce que l'auteur croit avoir prouvé en faisant connaître, dans cette même séance, cinq autres groupes de trois paraboles ayant leurs foyers sur un même cercle. (*Voir ci-dessus.*)

Le Mémoire qui vient d'être analysé a été annexé en *Supplément* au t. VII (1887) de *Mathesis* (de la part de l'auteur).

Remarques sur l'analyse indéterminée du premier degré (139-234).

(*Séance du* 13 *décembre* 1886.)

Les méthodes habituellement suivies pour la résolution, en nombres entiers, de l'équation

$$ax + by = 1$$

ont l'inconvénient d'entraîner à des opérations arithmétiques assez longues où interviennent des inconnues auxiliaires. Il paraît possible d'abréger notablement ces opérations en cherchant à former de toutes pièces une nouvelle équation

$$x + y = f$$

qui soit *compatible* avec la proposée. De la sorte, le problème fondamental devient *déterminé* ; il est ramené à celui de la résolution d'un système de deux équations du premier degré, avec la *certitude* d'arriver à des valeurs numériques entières.

Voici les principales subdivisions du Mémoire :

Introduction (§§ 1-3).

I. Propositions générales (4-9).

II. Solution fondée sur des suites périodiques (10-13).

III. Solution fondée sur un procédé d'abaissement (14-20).

IV. Equations littérales à solution immédiate (21-31).

V. Détermination des valeurs de $(x+y)$ (32-35).

VI. Etude et discussion des valeurs de $(x+y)$ (36-43).

VII. Formation d'autres tableaux numériques (44-51).

VIII. Enoncé de la règle de résolution (52-55).

IX. Applications numériques (26 exemples) (56-59).

X. Renseignements historiques et bibliographiques (plus de cinquante auteurs cités) (60-82).

Malgré tout le soin donné à la bibliographie, il y subsiste quelques omissions. Sans attendre une refonte du Mémoire, il paraît possible de combler, en partie au moins, les lacunes reconnues à ce jour, et d'ajouter à la liste les noms ou les travaux de Serres, Crelle, Jaufroid, J. Chevillier, C. de Comberousse, Worpitzki, Emmerich, Pietzker, Hindenburg, et divers articles d'Euler, d'Ed. Lucas et de M. Catalan.

Il y aurait peut-être aussi à tenir compte de la corrélation de ces recherches avec la partition des nombres et à mentionner les indications bibliographiques spéciales à cette question.

C'est ce que l'auteur se réserve d'examiner ultérieurement.

LA SCIENCE POUR TOUS

Revue hebdomadaire illustrée.

Ce Journal paraît depuis le 13 décembre 1855.

Les tomes XVIII à XXI, les seuls auxquels l'auteur ait collaboré, renferment les études ci-après indiquées, relatives aux Sciences mathématiques et à l'Astronomie et à l'histoire de ces sciences.

TOME XVIII. 1873.

Résumé historique des recherches qui ont conduit à la découverte de Neptune. 322-324 (5 colonnes.)

Exposé aussi élémentaire que possible des méthodes et données employées par Le Verrier pour la recherche de la planète perturbatrice des mouvements d'Uranus.

Le carré magique d'Albert Durer. 378-379.

Ce carré a été remarqué en examinant à la loupe la photographie du tableau de Durer intitulé *la Mélancolie.*

Le même carré est décrit par Ozanam dans le t. I de ses *Récréations mathématiques* (1750), mais celui qu'a donné Albert Durer ne lui est pas absolument identique, ce qui ferait supposer que le célèbre peintre l'a obtenu par tâtonnements.

TOME XIX. 1874.

Opinions astronomiques des Anciens. 18-19, 26-27, 34-35, 48-49 (10 colonnes.)

Résumé historique des théories enseignées dans l'antiquité.

Disposition des astres dans l'Univers. Apparition et nature des comètes. Forme de la Terre et des corps célestes. Constitution de la Lune. Etoiles filantes. Prétendue immobilité de la Terre. Prétendue révolution diurne du Soleil. Grandeur de la Terre. Grandeur du Soleil. Mouvements apparents du Soleil et des Planètes. Voie lactée. Eclipses (Cycle de Méton et Saros des Chaldéens).

Réflexions critiques sur la Quadrature du Cercle. 230, 238-239, 246, 254-255, 262, 270-271, 279 (15 colonnes.)

La quadrature du cercle est, avec d'autres problèmes chimériques, l'objet des recherches passionnées d'un certain nombre d'amateurs peu au courant des mathématiques.

L'étude de ces tentatives infructueuses de solution peut donc présenter quelque intérêt. Divers témoignages, pour la plupart tirés de Montucla, en sont rapportés ici.

L'auteur a été amené, à la suite de cette publication, à répondre à une lettre insérée pp. 278-279, où on revendiquait pour un inventeur la preuve matérielle de l'égalité du rapport de la circonférence au diamètre à 3,125, au lieu d'être exprimé par un nombre incommensurable. Cette prétendue découverte aurait, paraît-il, été honorée d'une récompense décernée en 1856 par une Société savante de Paris.

Aperçu historique des progrès des Sciences exactes. 207-208, 214-216, 222 (10 colonnes.)

Généralités. Arithmétique et théorie des nombres. Algèbre et résolution des équations. Calcul infinitésimal. Trigonométrie. Géodésie et Astronomie. Géométrie. Mécanique rationnelle. Mécanique pratique. Physique mathématique. Arithmétique sociale, statistique et calcul des probabilités.

L'Astrologie dans l'Antiquité. 118-120 (5 colonnes.)

Ancien crédit de l'Astrologie. Désaccord des bases de l'Astrologie. Variabilité des significations et des influences attribuées aux constellations. Aspects des planètes. Inanité des horoscopes. Opinions des Anciens.

Note sur les étoiles temporaires. 46-49 (3 colonnes.)

Principales apparitions d'étoiles temporaires. Changement de coloration qu'elles éprouvent. Mention d'étoiles disparues. Insuffisance de toutes les hypothèses faites jusqu'à présent pour expliquer ces variations singulières.

Variabilité d'éclat des corps célestes. 71-74 (6 colonnes.)

Exposé des différentes hypothèses relatives à l'explication des changements observés dans la lumière de certaines étoiles. Récents moyens d'investigation fournis par l'analyse spectrale.

La longitude d'Alger. 322 (1 colonne.)

Description des installations nouvellement projetées pour l'exécution des observations astronomiques nécessaires à la détermination de la longitude d'Alger par l'échange de signaux télégraphiques entre les stations d'Alger et de Paris.

TOME XX. 1875.

L'éclipse de soleil du 29 septembre 1875. 300 (1 colonne.)

Transcription de l'éphéméride relative à cette éclipse, partiellement visible en France.

L'Astrologie dans l'Antiquité. 305-308, 315-316, 322-324, 330-331, 338-340, 346-348, 354-356 (27 colonnes.)

Continuation de l'article de même titre publié au t. XIX (pp. 118-120.)

Principales questions traitées :

Jugement de Lucien sur l'Astrologie. Opinions de Macrobe et de Manilius. Institution de l'Astrologie. Réflexions de Tacite. Critiques de Favorin, cité par Aulu-Gelle. Pensée de Quinte-Curce. Principaux ouvrages d'Astrologie ancienne. Constellations boréales décrites par les Anciens. Poème des Argonautiques de Valérius Flaccus. Divisions des Astronomiques de Manilius. Attributs des constellations de Manilius et des 36 décans de Scaliger. Manéthon, Maxime, Dorotheus. Analyse du poème d'Aratus. Passages de Virgile relatifs à l'Astrologie. Distiques relatifs à la planète Vénus, aux Gémeaux, à Orion, aux Pléiades, à Sirius, à la Grande Ourse, et à d'autres étoiles et constellations. Influences attribuées à divers nombres mystiques, tels que 2, 3, 4, 7, 10, 12, 360. Le Songe de Scipion et l'harmonie des Sphères.

TOME XXI. 1876.

Essai historique sur la théorie des étoiles filantes, des bolides et des comètes. 51-53, 59-60, 66-67 (10 colonnes.)

Opinions des Chaldéens. Témoignages de Diodore de Sicile, d'Apollonius de Mynde, de Sénèque, de Stobée, etc.

Autres écrivains : Anaxagore, Aristote, Diogène Laerce, Origène, Epigène, Pline l'Ancien.

Nombreux passages des œuvres de Kepler, traduits ici pour la première fois.

Annuaire du Bureau des Longitudes pour 1876. 71-72 (2 colonnes.)

Les innovations apportées à la rédaction de l'Annuaire du Bureau des Longitudes pour 1876 ont déterminé l'auteur à en publier un compte rendu bibliographique dans le Journal *La Science pour tous* (1876, t. XXI, pp. 71-72, 2 colonnes). A cette occasion, il a signalé l'utilité de l'extension de la formule qui donne la durée du jour aux diverses latitudes et du tableau indicatif des heures du lever et du coucher du Soleil et de la Lune en Algérie.

Ayant vu cette amélioration réalisée, il a, en 1884, pensé devoir proposer à MM. les rédacteurs de l'*Annuaire* certains remaniements de détail et leur signaler en même temps diverses fautes typographiques échappées à la revision des épreuves (Tableaux des hauteurs des montagnes, expression des durées de rotation des planètes et des satellites en heures de temps moyen, etc.).

Une suite favorable ayant été donnée à ces remarques, il a également proposé et obtenu l'insertion d'une note sur la densité de la Terre comme planète, d'une explication des Tables de mortalité, etc., etc.

L'auteur estime que des avis de ce genre doivent être continués afin d'arriver à expurger cette utile publication de toutes les petites imperfections typographiques ou d'autre sorte qu'elle pourrait encore présenter accidentellement.

Travaux de géodésie exécutés en Algérie. 82-83 (3 colonnes).

Résumé historique des premiers travaux de géodésie exécutés aussitôt après l'occupation de l'Algérie par les Français.

Ce résumé est terminé par l'annonce de la grandiose entreprise, alors à l'étude, mais réalisée bientôt après, de la jonction des réseaux géodésiques de l'Algérie et de l'Espagne, à travers la Méditerranée.

XIII

LES MONDES

Revue hebdomadaire des Sciences.

Cette Revue, fondée par M. l'abbé Moigno, paraît depuis janvier 1863, et forme chaque année 3 volumes (sauf pour la 8e année, à 2 volumes).

Sur la proposition du fondateur, l'auteur de ces lignes a accepté de se charger de la traduction de plusieurs notes scientifiques, la plupart du Journal anglais *Nature*.

Voici, pour le moment, l'indication de celles qui sont relatives aux Mathématiques et à l'Astronomie.

J. C. ADAMS. — Les théories planétaires de Le Verrier.

XLIV. 1877. 254-263, 288-296.

En 1876, la Société astronomique de Londres a jugé devoir décerner une médaille d'or à M. Le Verrier pour ses magnifiques travaux sur les grandes planètes supérieures (Jupiter à Neptune) comme elle l'avait fait déjà en 1868 pour ses travaux sur les autres planètes (Mercure à Mars). En cette nouvelle occasion, M. Adams, président de la Société, a prononcé un discours magistral qui méritait d'être signalé dans une publication scientifique française. Une étude très intéressante de ce discours avait été déjà donnée par M. J. Bertrand dans le n° de mars 1877 du *Bulletin des Sciences mathématiques et astronomiques* (pp. 116-124). « Le discours de M. Adams, y est-il dit, est un résumé savant et complet. On y trouve, en même temps qu'une excellente analyse, l'expression sincère et motivée d'une admiration sympathique et reconnaissante pour le plus grand service qui, depuis bien des années et dans toute l'Europe, ait été rendu à l'Astronomie. »

J. N. STOCKWELL. — Récentes recherches sur les variations séculaires des orbites des planètes.

XLIV. 1877. 526-534, 566-575.

Traduction d'une note de l'*Annual Report* (ou Annuaire) de l'Institution Smithsonienne pour 1871.

Cette traduction, publiée dans *les Mondes* quelques jours après celle de l'article de M. Adams, pouvait avoir son utilité, en ajoutant quelques renseignements sur certains points de la théorie des perturbations planétaires.

S. P. LANGLEY. — De la possibilité de faire des observations de passage sans erreur personnelle.

XLIV. 1877. 618-632.

Description d'une méthode nouvelle proposée pour atténuer, dans une grande proportion, l'effet de l'influence de l'erreur ou équation personnelle.

Rapport du Conseil de la Société royale astronomique de Londres. Exposé des progrès de l'Astronomie durant l'année 1877.

XLV. 1878. 555-566, 595-605, 643-652, 691-695.

Extrait de ce Rapport. Principales subdivisions :

Recherches sur le mouvement de la Lune. Mémoire de M. Hill sur le mouvement du périgée de la Lune. Mémoire du professeur Adam sur le mouvement des nœuds de la Lune.

Tables de sinus carrés du général Hannyngton. Réduction des observations du passage de Vénus.

Recherches du professeur Henry Draper, relativement à l'existence de l'oxygène sur le Soleil. Photographies du Soleil, par M. Janssen.

Hypothèse des planètes intra-mercurielles. Découverte de petites planètes.

Découverte de Comètes. Comètes de l'année 1877.

Découverte des satellites de Mars. Dessins de Jupiter. Durée de la rotation de Saturne.

La nouvelle étoile du Cygne. Catalogue d'étoiles rouges de M. Birmingham. Ouvrages relatifs aux nébuleuses et amas d'étoiles. Tables de M. Stone pour les constantes d'étoiles

Progrès de l'Astronomie météorique durant l'année 1877.

Il n'a été traduit et publié que quatre pages de ce dernier chapitre, le plus important du Rapport annuel, où il tenait à lui seul vingt-trois pages de texte sur quarante-neuf relatives aux progrès de l'Astronomie durant l'année 1877.

W. SPOTTISWOODE. — Extrait de l'adresse inaugurale prononcée devant l'Association britannique pour l'avancement des Sciences (session de Dublin).

XLVI. 1878. 716-729.

Traduction de la partie de ce discours relative aux imaginaires, à l'espace à plus de trois dimensions et à la géométrie non euclidienne.

Les considérations développées dans cet exposé sont appuyées de comparaisons très ingénieusement empruntées à l'observation physique.

XIII

MISSION SPÉCIALE

INSPECTION DE L'OBSERVATOIRE D'ALGER EN 1882.

La Ville d'Alger contribue à l'entretien et aux dépenses de l'Observatoire astronomique. C'est pourquoi, aux termes de l'article 8 du décret du 21 février 1878, l'inspection de cet établissement scientifique doit être faite chaque année par deux délégués du Ministre de l'Instruction publique et par un délégué de la Municipalité.

Par lettre en date du 6 février 1882, l'auteur a été informé par M. le Ministre de l'Instruction publique, de sa désignation de délégué, de concert avec M. Frin, Inspecteur d'Académie, sur la proposition de M. le Recteur de l'Académie d'Alger.

M. Guillemin, professeur de Physique au Lycée, Maire d'Alger, a été chargé de représenter la Ville dans cette inspection.

Aussitôt la réunion de la Commission, l'auteur a été chargé de la rédaction du rapport sur les opérations de l'inspection.

La Commission s'est transportée à l'Observatoire le 23 février et a visité les différentes installations qui composaient l'établissement :

Pavillon méridien ; — semblable à celui qui avait été construit en 1874, non loin de la colonne Voirol, pour la détermination de la longitude d'Alger.

Pavillon du télescope ; — le télescope dont il est ici question est le troisième instrument de ce modèle sorti des mains de Foucault. Sa puissance optique permet de distinguer les étoiles de la 14e grandeur. (Le premier de ces instruments est à l'Observatoire de Paris, le deuxième à l'Observatoire de Marseille).

Pavillon du spectroscope ; — le spectroscope, construit sur les indications de M. Thollon, développe sur une longueur d'au moins 15 mètres, les radiations visibles du spectre solaire.

Au moment de cette inspection, l'Observatoire d'Alger était encore au début de son organisation ; mais il était déjà outillé pour les travaux du service astronomique habituel (observations méridiennes, étude des chronomètres pour la marine, etc).

Ces résultats ont été constatés dans le rapport de la Commission remis à l'autorité académique le 28 février.

Depuis 1882, l'Observatoire a été pourvu de son installation définitive, et on y poursuit d'importantes recherches de spectroscopie et de photométrie, favorisées par la pureté particulière du ciel d'Alger, sans parler d'autres avantages que procure à cet établissement sa situation géographique, à 7 degrés au sud de Marseille et à 12 degrés de Paris, pour les observations des étoiles de la région écliptique.

ZEITSCHRIFT

FÜR MATHEMATISCHEN UND NATURWISSENSCHAFTLICHEN UNTERRICHT

Bulletin de l'Enseignement des sciences mathématiques et naturelles, connu aussi sous le nom de *Journal de Hoffmann*, publié à Leipzig par livraisons mensuelles, depuis 1870.

Les seules contributions de l'auteur à ce Bulletin se réduisent à quelques énoncés proposés en 1880, 1882, 1884 et 1885, destinés à faire connaître les propriétés qu'il avait récemment rencontrées dans la géométrie du triangle, et publiées dans les volumes III, V et VI de la *Nouvelle Correspondance mathématique* (voir pp. 20, 22, 23 de cette Notice).

Voici les résumés des questions proposées :

TOME XI. 1880.

119 (p. 274). Notion de deux points O, O', du triangle, tels que les angles OAB, OBC, OCA, d'une part, O'AC, O'BA, O'CB, d'autre part, soient égaux.

120 (p. 274). Définition d'un nouveau cercle qui passe par les points d'intersection des droites précitées OA,..., O'C et par les deux points O, O'.

133 (p. 434). Autres propriétés du nouveau cercle.

TOME XIII, 1882.

195 (p. 33). Définition de deux triangles semblables et d'un nouvel angle φ. (Voir ci-dessus, p. 39).

196 (p. 33). Relation $\sin(2\varphi + \omega) = 2 \sin \omega$.

197 (p. 33). Expression de cotg 2ω.

198 (p. 33). Expression de la distance OO'.

199 (p. 33). Autre signification géométrique de cotg ω.

200 (p. 33). Homologie de deux triangles ABC, $A_1B_1C_1$.

201 (p. 33). Barycentre commun des deux triangles précités.

202 (p. 33). Groupe de trois points remarquables situés en ligne droite.

231 (p. 206). Réciprocité entre le point K (point de Lemoine) et le barycentre du triangle (transformation par droites symétriques).

233 (p. 206). Longueurs des axes d'une ellipse particulière, inscrite au triangle et ayant pour foyers les points O, O'.
(Proposition communiquée aussi par M. J. Neuberg).

234 (p. 207). Pôle de la corde OO' du cercle susmentionné.
235 (p. 207). Parallélisme de deux droites particulières.
316 (p. 357). Notion de deux nouveaux triangles semblables au triangle fondamental.
317 (p. 358). Situation de leurs centres des symédianes.
318 (p. 358). Notion de deux triangles inégaux, mais de surfaces équivalentes.

TOME XV. 1884.

355 (p. 39). Expression de la distance des centres du cercle de Brocard et du cercle circonscrit au triangle ABC.
356 (p. 39). Homologie de deux triangles remarquables.
383 (p. 195). Propriétés de deux triangles admettant mêmes points de Brocard.
384 (p. 195). Propriété de deux lignes particulières.
395 (p. 290). Détermination d'une hyperbole équilatère passant par neuf points remarquables du triangle.
396 (p. 290). Propriété de la médiane d'un certain trapèze.
397 (p. 290). Asymptotes de l'hyperbole des neuf points.
398 (p. 290). Parallèles aux axes de l'hyperbole précitée.

Pour faciliter les recherches et l'invention des nouvelles propriétés, l'auteur a donné en Supplément au t. XV, p. 365, la gravure qui accompagnait sa communication au Congrès de Rouen (1883). (Voir ci-dessus, p. 34.)

TOME XVI. 1885.

521 (p. 357). Intervention de l'angle φ (de la question 196) dans un problème de Statique.
522 (p. 357). Tangente commune à trois paraboles de M. Artzt. (Voir p. 41).
523 (p. 357). Autre tangente commune, perpendiculaire à la précédente.

Ces propriétés ont vivement intéressé les collaborateurs du Journal, et leur publication a été suivie, depuis cette époque, d'une foule de propositions nouvelles, dont la plupart sont dues à MM. Stoll (Bensheim) ; Artzt (Recklinghausen) ; Fuhrmann (Königsberg) ; Stegemann (Prenzlau); Emmerich (Mülheim); Böklen (Reutlingen) ; Kiehl (Bromberg), etc.

On en trouvera le catalogue aussi détaillé que possible dans les monographies de MM. Lemoine et Vigarié relatives à la littérature de la Géométrie récente du Triangle dans les Annuaires des Congrès de l'Association française (Grenoble 1885; Paris, 1889).

L'auteur, au surplus, a été obligeamment tenu au courant de toutes les propositions énoncées ou démontrées dans le Journal, grâce au bienveillant concours de M. H. Lieber, un des rédacteurs, à

Stettin, en qui cette nouvelle Géométrie du Triangle a trouvé un vulgarisateur dévoué.

Le total des questions proposées dans cet ordre de recherches depuis 1880 n'est pas inférieur à 210.

Indépendamment des nombreux exercices proposés, il convient de signaler aussi une série d'importants mémoires didactiques publiés par les collaborateurs du Journal, et notamment par MM. Artzt, Lieber, Fuhrmann, Emmerich, et dont les seuls titres, ci-après reproduits, suffiront pour montrer la faveur avec laquelle ces recherches sur la Géométrie du Triangle ont été accueillies à nouveau en Allemagne.

H. Lieber. — *Über die Gegenmittellinie und den Grebe'schen Punkt* [Sur les symédianes et le point de Grebe (ou de Lemoine)] (mars 1886).

H. Lieber. — *Über die Gegenmittellinie... Über den Brocard'schen Kreis* (mars 1887).

H. Lieber. — *Über den Brocard'schen Kreis* (mars 1888).

A. Emmerich. — *Konstruktionsaufgaben zur Geometrie des Brocard'schen Kreises* (mars 1887).

A. Emmerich. — *Der Brocard'sche Winkel des Dreiecks* (mars 1889).

W. Fuhrmann. — *Der Brocard'sche Winkel* (mars 1889).

A. Emmerich. — *Die Brocard'schen Gebilde* (mai 1891).

A. Artzt. — (Voir ci-dessus, p. 39.)

Pour les autres ouvrages des auteurs précités et pour la complète littérature de la Géométrie récente du Triangle, en Allemagne et dans différents pays, consulter, comme il vient d'être dit, les Annuaires de l'Association française.

Ainsi que l'a judicieusement observé M. Emmerich (*loc. cit.* 1891), c'est précisément en Allemagne que l'inépuisable fécondité de l'étude systématique du Triangle avait été pressentie pour la première fois dans un Mémoire du Dr A. L. Crelle, paru en 1816, et dans un autre recueil du même géomètre, publié en 1821.

THE EDUCATIONAL TIMES

Journal d'éducation et d'instruction, fondé et édité à Londres, et dirigé actuellement par M. le Dr Miller.

Ce journal avait publié, au 1er septembre 1885, plus de 8000 énoncés de questions de mathématiques.

L'auteur, invité à donner les résultats de ses recherches personnelles, a été en relations assez actives avec la Rédaction; il a ainsi obtenu, de 1885 à 1887, l'insertion d'une vingtaine de questions et d'un peu moins de solutions. Pour ces dernières, on pourra consulter le *Reprint* (réimpression des solutions) de préférence au Journal lui-même qui n'en donne que l'annonce.

L'auteur n'ayant à sa disposition que des numéros isolés du Journal et quelques volumes du *Reprint*, ne sera pas en mesure de produire ici la liste complète des questions qu'il a proposées ou résolues. Mais ces lacunes ou omissions n'ont pas d'importance, car il s'agit d'énoncés publiés antérieurement dans d'autres recueils mathématiques. En voici les principaux :

8253. Construction d'un point A (anti-complémentaire du point de Lemoine) (A ce sujet, voir *Mathesis*, t. VII, 1887, pp. 105-108).
8283. Equation de la parabole tangente à deux bissectrices rectangulaires et à deux hauteurs.
8297. Détermination de paraboles.
8326. Propriété de la circonférence décrite sur GH comme diamètre.
8361. Distances, aux symédianes, des points de rencontre de la circonférence GH (n° 8326) avec les droites AH, AG, BH, ...
8407. Enoncé 318 de la *Zeitschrift*. (Voir p. 50).
8446. Foyers de certaines paraboles.
8485. Propriété des points N, V d'intersection de GZ avec la circonférence ABC.
8493. Propriété de points considérés aux nos 8326 et 8361.
8531. Foyers des paraboles du n° 8297.
8613. Corrélation des points D, D'.
8697. Propriété des médianes.
8728. Propriété du triangle.
8783. Propriété du triangle.
8816. Alignement des points R, S, S'.

8924. Paraboles tangentes à deux bissectrices rectangulaires et à deux médiatrices.
9055. Propriété du triangle.
9275. Propriété du triangle.

La Géométrie du Triangle a été, en Angleterre comme en Allemagne, l'objet de nombreux et importants travaux, mais c'est en Angleterre qu'elle est devenue un véritable corps de doctrine, grâce aux généralisations dues à MM. Tucker, M'Cay, T. C. Simmons, et surtout au Dr J. Casey, qui en a successivement développé les principes dans les dernières éditions de son traité classique *A Sequel to Euclid* (3e édition, 1884; 4e édition, 1886; 5e édition, 1888). Le Supplément qu'il a, chaque fois, réservé à la Géométrie du Triangle, a été augmenté par MM. P. Dowling et J. Neuberg dans la 6e édition (1892) dont il a été rendu compte dans le journal *Mathesis* (voir ci-dessus, p. 29). Dans l'intervalle, le Supplément de 1888 a été traduit en français par M. Falisse, et publié dans le même recueil mathématique (voir ci-dessus, p. 34).

L'importance du mouvement scientifique provoqué en Allemagne et en Angleterre par les études de la Géométrie récente justifie l'exception que l'auteur de ces lignes a faite en donnant ici le résumé des énoncés qu'il a proposés dans les bulletins mathématiques auxquels il a collaboré dans ces deux pays.

XVII

EL PROGRESO MATEMATICO

Recueil mathématique mensuel publié à Saragosse, par M. Z. G. de Galdeano, depuis le mois de janvier 1891.

L'auteur de la présente Notice a été agréé en qualité de Collaborateur titulaire depuis le mois de septembre 1891.

TOME I. 1891.

Note sur un lieu géométrique. (221-223, 5 figures).

Cette note a été motivée par un Mémoire de M. Castizo Ariza, publié à Madrid, en 1889, relatif à l'étude d'un lieu géométrique du 4e ordre, et dont un extrait avait été inséré au *Progreso*, pp. 86-88. La courbe dont il s'agit n'est autre que le lieu des points d'une bielle mobile.

Ce problème avait été déjà traité dans le *Journal de Mathématiques spéciales de Montpellier* en 1870 (voir p. 9, § II de la 1re Partie).

La solution que l'auteur a donnée à cette époque se trouve reproduite ici textuellement.

QUESTIONS PROPOSÉES.

Sur la demande de l'auteur, le Rédacteur du Journal a bien voulu insérer plusieurs questions non résolues de la *Nouvelle Correspondance mathématique* et pour la plupart non encore rééditées dans *Mathesis*. C'est ainsi que 26 énoncés ont été reproduits dans le Tome I, 9 dans le Tome II, 4 dans le Tome III.

En outre, de nouveaux problèmes ont été ajoutés à ceux-là et proposés par différents collaborateurs.

En définitive, l'auteur a obtenu, dans le Tome I, l'insertion de 11 questions proposées, dont 4 de la *Nouvelle Correspondance mathématique*.

TOME II. 1892.

Sur une question d'arithmétique. (25-27).

Renseignements bibliographiques au sujet d'une propriété des fractions périodiques et du théorème de Plateau, relatif aux nombres formés uniquement de chiffres 1.

Sur une question d'arithmétique (89-93, 114-119).

Reprise des recherches visées dans l'article sus mentionné.

Exposé d'une Récréation arithmétique ayant pour objet de calculer des nombres dont le produit se termine par les mêmes chiffres que ceux d'un nombre donné.

Note sur la projection stéréographique (182-184. 1 figure).

Simplifications proposées pour la démonstration d'une formule de la projection stéréographique donnée dans le *Traité de Géodésie* de Francœur.

Note sur la question 52 (276-278).

Bibliographie de cette question, relative à une description de la cubique particulière appelée *trident de Newton*.

Solutions des questions :

62 (R. Guimarães). — Intersection de deux ellipses. 184 et 340-341.

77 (G. Pirondini). — Propriétés d'arcs de la développante de cercle (solution partielle) 307-308.

Communication et insertion de 9 questions tirées de la *Nouvelle Correspondance mathématique*.

17 questions proposées, dont 2 de la *Nouvelle Correspondance mathématique*.

Tome III. 1893.

Note sur la question 61. (32-33).

Propriété d'une cubique lieu des foyers de certaines hyperboles, et construction de la tangente.

Note sur la question 69. (33-34).

Série numérique étudiée déjà par l'auteur dans la *Nouvelle Correspondance mathématique.* (T. VI, 145-151).

Note sur la question 25. (183-184).

Au sujet d'un système de quatre équations, considérées pour la première fois par Léonard de Pise.

Note sur la question 101. (212-218. 1 figure).

Au sujet de la famille des courbes représentées par l'équation

$$x^p + y^p = l^p.$$

Note sur la question 111. (236-237, 1 figure).

Démonstration de l'aire du dodécagone régulier.

Note sur la question 95. (331).

Composition de certains nombres carrés.

Solutions des questions :

94 (E. Lemoine). Condition pour que le cercle de Brocard et le cercle de de Longchamps aient même rayon. 69-70.

95 (E. Lemoine). Système de trois équations. 70.

93 (E. Lemoine). Projections du centre d'une ellipse sur la corde commune à la courbe et au cercle osculateur. 104-105.

112 (S. Monteiro). Construction du centre de courbure en un point d'une conique. 109 et 270.

125. Propriété d'un certain trièdre. 218-219.

32 (H. Brocard). Tracé mécanique du trifolium. 261-263.

Communication et insertion de 4 questions tirées de la *Nouvelle Correspondance mathématique* et de diverses questions non résolues dans le *Journal de Mathématiques de Bourget.*

9 questions proposées.

Tome IV. 1894.

1 question proposée.

L'INTERMÉDIAIRE DES MATHÉMATICIENS

Bulletin mensuel dirigé par MM. Laisant et Lemoine.

TOME I. 1894.

Cette publication éminemment utile et qui a réuni, dès son apparition, l'unanimité des suffrages du public géomètre, est due à l'initiative de MM. Laisant et Lemoine qui en ont conçu le projet en décembre 1892.

L'auteur a été dès le début vivement sollicité à joindre sa collaboration à celle des deux fondateurs et il a fait tout le possible pour coopérer utilement à leur œuvre.

Ses contributions au Tome I se résument ainsi :

Solutions partielles ou complètes :

Question **3 (Rédaction). — Impossibilité d'une certaine division graphique du triangle (p. 61).**

Question **106 (G. DE LONGCHAMPS). — Coordonnées des sommets d'un contour polygonal (p. 198).**

Question **176 (G. DE ROCQUIGNY). — Plus grand nombre premier connu (p. 203).**

Question **196 (J. GILLET). — Indication d'un mémoire sur le quadrilatère sphérique (p. 204).**

Question **201 (A. MARTIN). — Valeur de $\sum \frac{1}{n^3}$ (p. 221).**

Question **251 (C. STEPHANOS). — Sur une relation entre l'hélice et la cycloïde (p. 222).**

Question **104 (H. FLEURY) — Note bibliographique sur les séries divergentes (p. 250).**

Question **251 (Pseudonyme). — Indication de documents relatifs à l'application des Mathématiques à la Géologie.**

Question proposée.

Question **373. Demande de nouveaux renseignements sur la vie et les ouvrages d'Albert Girard, de Saint-Mihiel (p. 227).**

Enfin l'auteur s'est chargé de la rédaction des *Tables des matières* du volume (pp. 259-269).

Il compte voir publier ultérieurement des réponses à une vingtaine environ d'autres questions, et quelques énoncés de questions proposées.

XIX

COLLABORATIONS DIVERSES

Beaucoup de journaux hebdomadaires ou quotidiens proposent des recherches, parfois difficiles, ayant trait à divers sujets tels que : Géométrie de situation, Calcul des probabilités, Analyse combinatoire, Carrés magiques et problèmes analogues, Analyse indéterminée, Arithmétique, Algèbre, Géométrie, Polygraphies du roi et du cavalier des échecs, Jeux divers (dominos, solitaire, dames, échecs, etc), Problèmes de construction, etc., etc., dont l'infinie variété tient en éveil la curiosité des amateurs.

Suivant en cela l'exemple de nombreux mathématiciens, l'auteur a publié sur ces objets, depuis le mois d'octobre 1888, dans différents journaux, quelques énoncés de questions et plusieurs centaines de solutions, mais pour ces documents publiés sous le couvert de l'anonyme ou de pseudonymes, pas plus que pour d'autres essais de beaucoup antérieurs et demeurés isolés, il ne croit pas qu'il y ait utilité à en donner ici l'indication plus détaillée. Il a proposé aussi et obtenu de faire publier quelques sujets de concours.

Dans le même ordre d'idées, pour prendre date de certains résultats de ses recherches, il a cru devoir les publier en cryptographie dans divers journaux littéraires ou scientifiques, ou bien les communiquer à des Sociétés académiques et les faire mentionner aux sommaires des procès-verbaux des séances.

Même observation pour l'envoi de plis cachetés déposés au secrétariat de l'Académie des Sciences de Paris.

L'auteur a signalé d'autre part les journaux mathématiques dont les épreuves lui sont régulièrement communiquées (*Mathesis*, *Journal de mathématiques élémentaires*, *Journal de Mathématiques spéciales*, *l'Intermédiaire des Mathématiciens*, — voir ci-dessus, pp. 28, 38 et 56), mais il a également coopéré à la revision des épreuves de plusieurs ouvrages :

Mathématiques et Mathématiciens, 2e édition (A. Rebière).

Récréations Mathématiques (t. IV) et Arithmétique amusante (Ed. Lucas) et un grand nombre de ceux que M. Laisant a publiés, seul ou avec différents collaborateurs :

Recueil de problèmes (qui comprendra sept volumes) ; Premiers principes d'Algèbre ; Problèmes de Mécanique ; etc.

Voir aussi, plus loin, p. 58, le chapitre relatif au Répertoire de bibliographie mathématique.

Enfin, suivant l'occasion, d'autres communications d'importance variable destinées à divers ouvrages publiés en France ou à l'étranger.

XX

RÉPERTOIRE BIBLIOGRAPHIQUE

DES SCIENCES MATHÉMATIQUES

Par une circulaire en date du 4 mars 1885, le Bureau de la Société mathématique de France annonçait qu'il avait pris l'initiative d'un projet de rédaction d'un Répertoire général de Bibliographie mathématique.

Cette circulaire était signée du président, M. Appell, et des secrétaires, M. Weill et Poincaré.

L'auteur en a reçu communication le 20 mars et a immédiatement adressé son adhésion à M. Poincaré par lettres des 21 et 23 mars.

Dans la suite, il a fait parvenir à la Commission permanente instituée en mars 1887 et présidée par M. Poincaré :

1° Sa demande d'inscription comme collaborateur (21 mars 1887) ;

2° Ses propositions au sujet de subdivisions à introduire dans les 21 classes générales du projet arrêté en avril 1887 pour le groupement des matières de l'Index du Répertoire bibliographique (8 mai 1887) ;

3° Ses remarques sur le même sujet, en réponse à une circulaire du 1er juin 1888 (reçue le 9) annonçant communication d'une épreuve de l'Index du Répertoire (14 juin 1888) ;

4° Son adhésion au Congrès international de bibliographie des sciences mathématiques, annoncé en mai 1889 comme devant se réunir à Paris, vers la fin du mois de juillet, à l'occasion de l'Exposition universelle internationale (24 mai 1889).

Après quelques retouches de détail, dont la nécessité avait été reconnue, l'Index du Répertoire, devenu définitif, a été distribué aux différents collaborateurs à la date du 1er juin 1893.

Les fonctions de secrétaire de la Commission ayant été successivement résignées par M. Humbert (novembre 1892) et par M. d'Ocagne (décembre 1893), un vote de la Commission les a confiées à M. Laisant à la date du 6 décembre 1893.

Sur la proposition de M. Laisant, l'auteur a, dès le 14 novembre 1893, demandé à être chargé de la rédaction des fiches du Répertoire pour les mémoires mathématiques insérés ou mentionnés aux *Comptes rendus* des Séances de l'Académie des Sciences de Paris, dont la collection complète a été, à cet effet, aussitôt mise à sa disposition.

Des formules imprimées ayant été préparées spécialement pour faciliter la rédaction des fiches de ce recueil, le catalogue, commencé le 26 janvier 1894, était terminé le 9 janvier 1895 pour le 119e volume (2e semestre 1894). Total des fiches : 6814.

Dans l'intervalle, l'auteur a reçu communication des placards de la publication des fiches, pour la revision typographique. L'impression du Répertoire bibliographique se poursuit régulièrement au fur et à mesure de la centralisation des fiches.

Un approvisionnement d'imprimés est aujourd'hui disponible pour la continuation éventuelle du catalogue pendant plusieurs années.

Le dépouillement des 119 volumes n'a pas été fait en une seule fois, mais il n'a exigé que 70 journées de travail, comme on pourra s'en rendre compte sur le tableau ci-joint qui fait connaître l'état d'avancement du catalogue dans l'intervalle de temps susmentionné.

Cette statistique, publiée ici pour la première fois, est intéressante à divers titres. L'augmentation de la moyenne annuelle donne la preuve de l'influence que la publication des *Comptes rendus* a exercée sur le progrès des Sciences mathématiques.

RÉPERTOIRE DE BIBLIOGRAPHIE MATHÉMATIQUE

CATALOGUE DES FICHES MATHÉMATIQUES
DES COMPTES RENDUS DES SÉANCES DE L'ACADÉMIE DES SCIENCES DE PARIS

Tableau indicatif de l'état d'avancement du Catalogue

VOLUMES		STATISTIQUE DES FICHES			VOLUMES		STATISTIQUE DES FICHES		
TOMES	ANNÉES	Rédaction	Nombre	Envoi	TOMES	ANNÉES	Rédaction	Nombre	Envoi
1	1835	26 I	11	24 II			*Report* . .	1027	1894
2	1836	26 I	36	id.	28	1849	22 II	30	27 II
3		26 I	22	id.	29		23 II	34	id.
4	1837	26 I	24	id.	30	1850	24 II	24	id.
5		27 I	27	id.	31		25 II	34	8 III
6	1838	27 I	16	id.	32	1851	25 II	43	id.
7		27 I	37	id.	33		26 II	37	id.
8	1839	27 I	42	id	34	1852	26 II	37	id.
9		28 I	49	id.	35		27 II	40	id.
10	1840	28 I	38	id.	36	1853	27 II	54	id.
11		29 I	39	id.	37		5 III	48	id.
12	1841	29 I	39	id.	38	1854	6 III	37	id.
13		29 I	47	id.	39		7 III	34	17 III
14	1842	30 I	32	id.	40	1855	8 III	50	id.
15		31 I	57	id.	41		8 III	39	id.
16	1843	1 II	44	27 II	42	1856	9 III	60	id.
17		1 II	55	id.	43		10 III	43	id
18	1844	1 II	33	id.	44	1857	11 III	54	id.
19		2 II	42	id.	45		11 III	52	id.
20	1845	3 II	42	id.	46	1858	12 III	49	id.
21		17 II	56	id.	47		14 III	31	id.
22	1846	18 II	39	id.	48	1859	15 III	31	id.
23		18 II	36	id.	49		16 III	42	10 VII
24	1847	19 II	42	id.	50	1860	17 III	52	id.
25		19 II	31	id.	51		5 VII	36	id.
26	1848	21 II	33	id.	52	1861	5 VII	36	id.
27		21 II	58	id.	53		5 VII	33	id.
		A Reporter.	1027	1894			*A Reporter*.	2087	1894

VOLUMES		STATISTIQUE DES FICHES			VOLUMES		STATISTIQUE DES FICHES		
TOMES	ANNÉES	Rédaction	Nombre	Envoi	TOMES	ANNÉES	Rédaction	Nombre	Envoi
		Report . .	2087	1894			*Report . .*	4162	1894
54	1862	5 VII	47	10 VII	88	1879	1 X	94	6 X
55		5 VII	33	id.	89		2 X	58	id.
56	1863	5 VII	47	id.	90	1880	2 X	111	id.
57		6 VII	34	id.	91		5 X	59	10 X
58	1864	6 VII	50	id.	92	1881	6 X	114	id.
59		6 VII	46	id.	93		7 X	86	id.
60	1865	7 VII	60	18 VII	94	1882	7 X	110	id.
61		7 VII	35	id.	95		8 X	84	id.
62	1866	7 VII	46	id.	96	1883	9 X	112	id.
63		8 VII	45	id.	97		9 X	104	id.
64	1867	9 VII	51	id.	98	1884	10 X	91	13 X
65		10 VII	38	id.	99		11 X	78	id.
66	1868	10 VII	63	id.	100	1885	11 X	68	id.
67		11 VII	56	id.	101		11 X	74	id.
68	1869	13 VII	78	id.	102	1886	12 X	89	id.
69		15 VII	54	id.	103		13 X	69	id.
70	1870	16 VII	102	id.	104	1887	13 X	93	id.
71		17 VII	43	23 VII	105		14 X	90	16 X
72	1871	18 VII	36	id.	106	1888	14 X	150	id.
73		19 VII	71	id.	107		15 X	60	id.
74	1872	20 VII	83	id.	108	1889	16 X	78	id.
75		21 VII	80	id.	109		18 X	44	19 X
76	1873	22 VII	68	3 X	110	1890	18 X	66	id.
77		10 VIII	53	id.	111		18 X	38	id.
78	1874	10 VIII	113	id.	112	1891	18 X	81	id.
79		12 VIII	55	id.	113		19 X	34	id.
80	1875	12 VIII	80	id.	114	1892	20 X	83	22 X
81		12 VIII	58	id.	115		20 X	68	id.
82	1876	12 VIII	82	id.	116	1893	21 X	103	id.
83		13 VIII	61	id.	117		21 X	58	id.
84	1877	13 VIII	72	id.	118	1894	3 I	122	11 I
85		13 VIII	54	6 X	119		9 I	83	id.
86	1878	13 VIII	89	id.					
87		13 VIII	92	id.			TOTAL. .	6814	*1895
		A Reporter.	4162	1894					

BIBLIOGRAPHIE MATHÉMATIQUE

L'auteur a été amené, presque au début de ses travaux mathématiques, à reconnaître l'utilité de réunir les données nécessaires à une bibliographie mathématique destinée à lui faciliter ses recherches. Il a établi des répertoires spéciaux dans la rédaction desquels il s'est efforcé d'apporter la concision voulue pour réduire au minimum de volume, sans préjudice de la clarté, les renseignements qui pourraient lui être utiles. Il suffira d'en indiquer ici les titres et les résumés.

BIBLIOGRAPHIES GÉNÉRALES

Notes de bibliographie mathématique.

Ce travail a été entrepris en 1883, longtemps avant qu'il ne fût question d'une entreprise analogue suivant un programme élaboré depuis par la Société mathématique de France (Voir ci-dessus, p. 58).

L'ordre adopté dans le classement est donc différent de celui du Répertoire publié dernièrement par la Commission internationale.

Voici néanmoins les subdivisions adoptées :

I. Arithmétique. — Nombres premiers. Divisibilité. Nombres parfaits. Théorie des nombres. Loi de réciprocité.

II. Algèbre élémentaire, Algèbre supérieure. — Identités, Déterminants.

III. Algèbre. — Théorie et résolution des équations. Limites des racines. Méthodes d'approximation des racines. Théorème de Sturm. Théorie de l'élimination. Formule du binôme. Sommes de puissances semblables.

IV. Algèbre. — Analyse indéterminée du premier degré. Problème de Pell. Théorème de Fermat. Fractions continues. Récréations mathématiques. Carrés magiques. Etude mathématique et théorie des jeux divers.

V. Imaginaires. — Quaternions. Equipollences. Espaces à n dimensions.

VI. Calcul des probabitités, Calcul différentiel. — Méthode des moindres carrés. Moyenne arithmético-géométrique. Interpolation.

VII. Equations transcendantes. Développements en séries. Problème de Kepler. Série de Taylor, etc. Logarithmes. Tables logarithmiques. Logarithme intégral. Série de Fourier. Nombres d'Euler et de Bernoulli.

VIII. Série hypergéométrique. Fonctions de Lamé, de Bessel. Equation de Riccati. Problème de Pfaff. Intégrations. Fonctions elliptiques. Fonctions de Legendre. Equations fonctionnelles.

IX. Statique. Cinématique. Géométrie cinématique. Calcul graphique. Statique graphique. Poussée des terres et des voûtes. Parallélogramme des forces. Systèmes articulés. Parallélogramme de Watt. Inverseur Peaucellier. Calcul barycentrique. Méthodes d'approximation. Planimétrie. Cubature.

X. Mécanique. Attraction des ellipsoïdes. Principe de la moindre action. Courbe élastique. Balistique.

XI. Constructions graphiques. Géométrie du triangle et du quadrilatère. Trigonométrie rectiligne. Cercle des neuf points. Cercles et points remarquables. Problème d'Apollonius.

XII. Courbes du second degré. Equation en λ. Théorie des transversales. Homographie. Théorèmes de Pascal et de Brianchon. Foyers. Dualité et polarité.

XIII. Trisection de l'angle. Duplication du cube. Quadrature du cercle. Quadratrice de Dinostrate. Inscription des polygones réguliers. Polygones de Poncelet. Limaçon de Pascal. Conchoïde de Nicomède. Cardioïde.

XIV. Surfaces du second degré. Equation en S. Trigonométrie sphérique. Géodésie. Astronomie. Gnomonique. Hydrographie.

XV. Surfaces du 3e degré. Surfaces d'ordre supérieur. Surface des ondes. Surface d'élasticité. Tores. Cyclides. Girocyclides. Surfaces enveloppes. Elassoïdes ou surfaces minima. Systèmes triplement orthogonaux. Surfaces enveloppes de sphères. Surfaces gauches. Surfaces développables. Lignes asymptotiques. Surfaces topographiques.

A ces principales subdivisions, il convient d'ajouter des *notes de bibliographie* sur un grand nombre d'autres sujets, notamment sur les suivants :

Quadrature du cercle ; trisection de l'angle ; duplication du cube ; équation en S ; équation en λ ; géométrie du triangle, du quadrilatère, du tétraèdre ; surface de Kummer ; quadratures et cubatures approchées ; etc., etc.

Recueil de Formules.

Ce recueil de formules, commencé en 1868 et continué depuis cette époque, est en réalité un *Aide-Mémoire* permettant d'abréger et d'éviter certaines recherches dans l'étude de diverses questions mathématiques.

Il rend journellement les services les plus précieux par l'économie de temps qu'il procure.

Il ne faudrait pas s'imaginer que ce répertoire est d'étendue démesurée. Les formules n'y tiennent pas plus de 85 pages.

Il est à croire que la publication de ce recueil, tel qu'il est, c'est-à-dire même incomplet, épargnerait bien du temps à ceux qui l'auraient entre les mains. L'auteur en parle par expérience.

L'utilité de ce genre de répertoire est d'ailleurs attestée par le fait de la publication de recueils analogues, dûs à MM. Vasselon, Hoüel, Dunod, Gelin, Rebière, Oppermann, Claudel, Hospitalier, etc.

BIBLIOGRAPHIES SPÉCIALES

Aperçu historique sur la résolution des équations.

Notes destinées à la continuation éventuelle du Mémoire commencé en 1870 dans le *Journal de Mathématiques spéciales* publié par les élèves du lycée de Montpellier (voir ci-dessus, p. 8).

Ce journal ayant cessé aujourd'hui de paraître, la publication de ce travail dans un autre Recueil mathématique devrait être subordonnée à une refonte du Mémoire publié il y a vingt-quatre ans. Il est difficile de se prononcer sur le degré d'utilité de réalisation d'une pareille tentative.

Dans ces conditions, il suffira de résumer ici les principales subdivisions de la suite annoncée :

Sturm. Fourier. Budan. Cauchy. Abel. Jacobi. Galois. Ostrogradski. Wronski. Dupré. Vériot. Vatz. Turquan. Catalan. Sylvester. Brioschi. M. Roberts. Despeyrous. Heegmann. Montucci. Hermite. C. Jordan. Tchebychef. etc., etc.

Méthodes graphiques et mécaniques. Annotations diverses. Les Méthodes de l'Algèbre supérieure moderne (G. Salmon, J.-A. Serret, Cayley, etc., etc.).

Répertoire de questions et solutions.

L'auteur a préparé un répertoire complet des questions posées et résolues dans les Journaux de mathématiques ci-après désignés :

Journaux mathématiques français ou étrangers.	Total des questions en 1894.
Nouvelles Annales de Mathématiques (depuis 1842)	1685
Nouvelle Correspondance mathématique (de 1875 à 1880)	614
Mathesis (depuis 1881)	1000
Journal de Mathématiques de Bourget (de 1877 à 1881)	398
Journal de Mathématiques élémentaires de M. de Longchamps (depuis 1882)	599
Journal de Mathématiques spéciales de M. de Longchamps (depuis 1882)	416
El Progreso matematico (depuis 1891)	238

Pour chacune des questions, l'inscription comprend le numéro d'ordre, le nom du signataire qui l'a proposée, un résumé de l'énoncé et l'indication des solutions parues, avec différentes annotations permettant d'établir des comparaisons.

Ce répertoire a été très utile pour la vérification des épreuves de l'ouvrage où M. Laisant a imaginé de réunir tous les énoncés précités (à l'exception cependant de ceux de *Progreso*, encore trop peu nombreux pour y figurer).

Bibliographie des courbes algébriques.

L'auteur a réuni un très grand nombre de renseignements bibliographiques relatifs aux courbes algébriques dont les équations et propriétés ont été indiquées dans les journaux classiques de mathématiques publiés en France. Il a constitué de la sorte un important dossier qui facilitera beaucoup la rédaction d'un ouvrage d'étude de ces courbes. Il possède également des notes détaillées sur la discussion et la bibliographie de plusieurs courbes de degré supérieur, notamment les hypocycloïdes à trois et à quatre rebroussements ; la cardioïde, le limaçon de Pascal ; la logocyclique (strophoïde droite) ; la focale de Quetelet (strophoïde oblique) ; le trifolium ; etc., etc.

Cette bibliographie spéciale était destinée à être publiée. Différentes circonstances en ont retardé la publication, mais en attendant, elle répond au desideratum exprimé dans les questions 89, 90 et 282 de l'*Intermédiaire des mathématiciens*, 1894, t. I, pp. 37, 38 et 152.

Bibliographie de la Géométrie classique.

Notes pour servir à la rédaction d'un Traité de Géométrie dans lequel, tout en conservant l'ordre adopté dans les ouvrages modernes, les différentes propositions seraient accompagnées d'une bibliographie spéciale remontant à leurs origines dans les Eléments d'Euclide ou dans des œuvres d'autres géomètres.

Vocabulaire mathématique.

L'auteur a eu depuis longtemps l'occasion de reconnaître l'utilité de la publication d'un ouvrage qui renfermerait la définition des différents termes du langage des Mathématiques. Sans avoir le caractère didactique des Encyclopédies ou des Dictionnaires déjà publiés, il serait limité au rôle de Vocabulaire destiné à remettre promptement sur la voie un lecteur momentanément arrêté par un terme qui aurait cessé de lui être familier dans la lecture d'un Mémoire de Mathématiques.

Le plan du Vocabulaire actuellement en préparation a été communiqué à la Section de Mathématiques du Congrès de l'Association française tenu à Caen en 1894. M. Laisant, président de la Section, a fait voter à ce sujet la résolution suivante, adoptée à l'unanimité :

« Les 1re et 2e Sections (Mathématiques, Astronomie, Géodésie et Mécanique) de l'Association française pour l'avancement des Sciences, réunies en Congrès, à Caen :

« ... 2° approuvent absolument l'idée de M. Mansion, relative à la rédaction de *Vocabulaires mathématiques* et applaudissent au commencement de réalisation que M. le commandant Brocard a déjà donné à cette idée, par la préparation d'un Vocabulaire mathématique français » (*).

L'auteur compte employer ses loisirs à l'accomplissement de la promesse à laquelle il est désormais tenu envers ses collègues de l'Association française. Déjà le catalogue des noms, comprenant plus de 4000 fiches, est composé, et son classement méthodique paraît pouvoir donner de grandes facilités pour la rédaction du Vocabulaire.

(*) Dans la même séance du 14 août 1894, les Sections précitées ont voté aussi une résolution dont il sera question plus loin (p. 69) :

«... 8° Prennent en très sérieuse considération les réflexions présentées par M. Lémeray sur la possibilité d'établir des bibliothèques mathématiques, ayant pour objet de mettre des livres à la disposition des travailleurs éloignés des centres scientifiques. »

NOTES DIVERSES

Analogies du cercle et de l'hyperbole équilatère.

Notes destinées à mettre en relief les analogies rencontrées jusqu'à présent entre ces deux courbes et signalées par divers mathématiciens.

Equations caractéristiques.

Notes pour la continuation du Mémoire dont la publication a été commencée dans le journal *Mathesis* (voir ci-dessus p. 26).

Questions de licence et de Calcul intégral.

L'auteur a réuni un grand nombre d'exercices dont il a publié quelques-uns dans le journal *Mathesis* (voir ci-dessus p. 27). Plusieurs des questions traitées sont le fruit de ses recherches personnelles ; il y en a toute une série sur la détermination de courbes en partant d'une de leurs propriétés exprimée par une équation différentielle.

Notes de Géodésie et d'Astronomie.

Au mois de mars 1880, l'auteur a été proposé pour un emploi de maître de Conférences de Géodésie et d'Astronomie à l'Ecole supérieure des Sciences d'Alger, alors en voie d'organisation. Cette proposition, appuyée par M. Gavarret, Inspecteur général de l'Instruction publique, n'a pas abouti, en raison de l'impossibilité de mettre à ce moment un officier à la disposition du Ministère de l'Instruction publique. Dans l'intervalle, toutefois, l'auteur se mit en devoir de préparer le programme de ce nouveau cours et de réunir les données nécessaires à l'acquisition ou à la construction d'instruments et d'appareils de démonstration, comme il l'avait fait, quelques années auparavant à Grenoble pour l'organisation du Cours de Physique et Chimie.

Source d'identités trigonométriques.

Remarque sur la possibilité d'obtenir de nouvelles identités trigonométriques en exprimant que la droite de l'infini, qui est parallèle à toutes les droites du plan, fait aussi bien avec ces droites des angles quelconques dont on peut se donner les valeurs.

Applications numériques.

Recherches d'analyse indéterminée.

Ces recherches ont eu pour objet la résolution ou l'impossibilité de certaines formes d'équations indéterminées du 2e et du 3e degré en nombres entiers.

D'importantes séries de calculs ont été faites pour dégager les premiers systèmes de solutions numériques et essayer d'en déduire une loi de formation des solutions générales.

Parmi les équations particulièrement étudiées se trouvent les suivantes :

1° L'équation de Pell

(1) $$x^2 - ay^2 = 1.$$

A ce sujet, l'auteur a échangé quelques idées avec MM. Catalan, C. Richaud, S. Realis et H. Van Aubel, et il a fait divers essais de combinaison de l'équation (1) avec d'autres relations entre x et y, de manière à obtenir des systèmes résolubles.

Ces notes, ainsi que de nouvelles remarques bibliographiques, sont destinées à une continuation éventuelle des recherches publiées en 1878 dans la *Nouvelle Correspondance Mathématique*. (Voir ci-dessus, p. 22, § VI de la 1re Partie.)

Dans le même ordre d'idées, l'auteur a repris des recherches relatives aux réduites de $\sqrt{a}$.

2° Plusieurs équations du type

$$x^3 + ax + b = y^2$$

que l'on rencontre encore à propos de l'équation de Pell.

3° Les équations de la forme

$$xy + ax + by = c$$

dont la discussion est intimement liée à la notion des triangles rectangles rationnels.

4° Les équations de la forme

$$x^2 + a = y^3,$$

déjà étudiées par Fermat, puis de nos jours par MM. de Jonquières et T. Pépin.

Les nouvelles recherches de l'auteur sont essentiellement numériques. Elles lui ont permis de compléter certaines propositions relatives à la résolution de ces équations, notamment dans l'hypothèse de a positif. Il en a communiqué les résultats à M. Pépin et à la Société des Lettres, Sciences et Arts de Bar-le-Duc.

Notes sur les nombres premiers.

Notes bibliographiques sur la fréquence et la totalité des nombres premiers.

Ces notes ont été réunies en prévision de la continuation éventuelle des articles publiés dans la *Nouvelle Correspondance mathématique* en 1879 et en 1880 (voir ci-dessus, pp. 22-23).

Notes sur la Géométrie du Triangle.

L'auteur a entrepris, notamment de 1876 à 1887, des recherches sur la Géométrie du Triangle, dans l'ordre d'idées qu'il avait adopté dans la *Nouvelle Correspondance mathématique* (voir ci-dessus pp. 20, 22, 23), dans le *Journal de Mathématiques spéciales* (*loc. cit.* pp. 35-36), et dans d'autres recueils (voir ci-dessus, *passim*).

Les résultats de ces recherches ont été en partie publiés sous forme de questions proposées.

L'auteur a réuni également toutes les données qu'il a rencontrées au sujet de la bibliographie de la Géométrie récente du Triangle, pour être utilisées à la continuation de la bibliographie publiée à diverses reprises, notamment dans l'*Annuaire* de l'Association française pour l'avancement des Sciences. (Voir ci-dessus, pp. 34 et 51).

Démonstration directe du théorème de Pythagore relatif à un triangle quelconque.

Exposé de méthodes de démonstration des relations entre les surfaces des carrés construits sur les côtés d'un triangle quelconque, sans faire usage de lignes proportionelles et en se servant seulement des situations des carrés et de parallélogrammes auxiliaires.

Le principe de ces démonstrations a été communiqué en 1876 à M. Catalan.

Remarques sur les nombres à chiffre unique.

Nouvelles propriétés des nombres du type 111...111.

Ces recherches sont destinées à continuer celles qui ont paru dans le journal *Mathesis* (voir ci-dessus p. 27) et dans le *Progreso Matematico* (*loc. cit.* p. 54).

Application de certains tracés paraboliques.

Etude particulière des paraboles du second degré déterminées par deux points, la tangente en l'un de ces points et la direction de l'axe ou des diamètres.

Application de ces courbes à la résolution des équations numériques et à l'évaluation des racines, par une modification et une transformation des méthodes usuelles de Cardan ou de Newton, et que l'auteur propose d'appeler méthode d'approximation parabolique.

Autre application, — non essentiellement différente d'ailleurs, — à l'étude géométrique des paraboles décrites par des projectiles animés d'une même vitesse initiale.

Contribution à l'étude d'un groupe de triangles orthocentriques.

Recherches à l'occasion d'une question que l'auteur avait déjà proposée en 1880 dans la *Nouvelle Correspondance mathématique* (voir ci-dessus, p. 23) et que M. J. Neuberg avait adressée à la Rédaction de l'*Intermédiaire des Mathématiciens* (n° 233, t. I, 1894, p. 129).

Par de simples considérations arithmétiques, l'auteur établit la périodicité des triangles orthocentriques successivement déduits d'un triangle donné en nombres dont le total représente aussi un nombre quelconque. Cette intéressante propriété est vérifiée de diverses manières et paraît pouvoir être utile à une étude, non encore terminée, de la position du point limite de la série de ces triangles orthocentriques.

MÉLANGES

Enfin l'auteur mentionnera ici, pour mémoire, d'autres notes en préparation ou déjà rédigées, relatives à divers sujets de recherches : Constructions géométriques ; roulettes et glissettes de courbes planes voir ci-dessus, p. 20) ; conoïde de Plücker ; notes d'arithmologie ; tables numériques ; etc.

Il a également coopéré à l'institution de la nouvelle Bibliothèque mathématique des Travailleurs, due à l'initiative de M. Lémeray (voir ci-dessus, p. 65, les résolutions du Congrès de Caen, et l'*Intermédiaire des Mathématiciens*, 1894, t. I, question 344, p. 209). Il a fait don à cette Bibliothèque de plusieurs ouvrages, par exemple : une collection complète du journal *Mathesis* (t. I à XIV) et l'abonnement annuel ; les dernières éditions des ouvrages du Dr J. Casey ; le Cours de Physique mathématique (E. Mathieu), les Recherches sur les Fragments d'Héron d'Alexandrie (H. Vincent) ; la Nouvelle navigation astronomique (Villarceau et de Magnac) ; etc.

RENSEIGNEMENTS COMPLÉMENTAIRES

La rédaction et l'impression de la Notice ayant exigé beaucoup de temps, il a été nécessaire d'ajourner momentanément la mention des travaux publiés durant l'année 1894 dans différents recueils mathématiques et de la donner à part.

La présente addition est destinée à combler cette lacune.

NOUVELLES ANNALES DE MATHÉMATIQUES

(Voir ci-dessus, pp. 3-6, § I de la 1re Partie.)

3e Série.

Tome XIII. 1894.

Solutions des questions :

1550 (M. d'Ocagne). Lieu géométrique déduit d'un cercle et d'une droite. 18-19.

1654 (N. Barisien). Propriété du triangle équilatéral. 19-20.

372 Lieux géométriques relatifs à certains triangles et à une ellipse. 24-25.

473 Tétraèdre formé par un quadruple hyperboloïdique. 33-34.

482 (Joachimsthal). Points remarquables du tétraèdre. 34-36.

132 Cylindre droit à base circulaire, passant par cinq points. 37-38.

475 Conique par trois tangentes et la directrice. 43-44.

536 (Bordoni). Question de minimum. 44-45.

541 Triangle équilatéral maximum ou minimum circonscrit à une ellipse. 45-49.

539 Courbe représentant les folioles du *trifolium pratense*. 58-59.

Note. — Les solutions des questions proposées avant 1871, portant les numéros d'ordre inférieurs à 1012, avaient été adressées à la Rédaction depuis plus de vingt ans lorsqu'elles ont été enfin publiées.

MATHESIS

(Voir ci-dessus pp. 26-32, § VIII de la 1re Partie).

Tome XIV, 1894 (ou 2e Série, t. IV).

NOTE MATHÉMATIQUE

La formule de Nicolas de Cusa. 183.

Renseignement bibliographique au sujet de la formule, attribuée à Nicolas de Cusa, et qui a fait l'objet d'intéressantes remarques dans plusieurs des volumes du Journal (voir *loc. cit.*, p. 26).

COMPTES RENDUS BIBLIOGRAPHIQUES

Ed. Lucas. — **Récréations mathématiques**, t. IV. 1894. 225-227.
Voir ci-dessus pour les trois précédents volumes, p. 28-29 (*loc. cit.*).

E. Borel et J. Drach. — **Introduction à l'étude de la Théorie des nombres et de l'Algèbre supérieure**, 1895. 247.

G. Arnoux. — **Essai de Psychologie et de Métaphysique positives. — Arithmétique graphique. — Les espaces arithmétiques hypermagiques.** 1894. 272-273.

STATISTIQUE PARTICULIÈRE DES QUESTIONS RÉSOLUES OU PROPOSÉES

Solutions des questions :

899 (N. Barisien). — Propriété de la parabole semi-cubique. 124.
849 (N. Barisien). — Génération de l'hypocycloïde triangulaire. 198-200.
871 (H. Brocard). — Propriété du limaçon de Pascal. 206.
908 (A.-C.). — Somme des 5es puissances des *n* premiers nombres entiers. 209-210.

Remarques sur la question :

800 (Mandart). — Lieu géométrique déduit du cercle. 145.

Mention d'une question résolue.

JOURNAL DE MATHÉMATIQUES ÉLÉMENTAIRES ET DE MATHÉMATIQUES SPÉCIALES

(Voir ci-dessus, pp. 35-38, § X de la 1re Partie.)

JOURNAL DE MATHÉMATIQUES ÉLÉMENTAIRES

4e Série. Tome III. 1894.

Extrait d'une lettre. 64-65.

Remarques additionnelles à la solution donnée de la question 316 (sur les normales à la parabole) (voir ci-dessus p. 38).

Solutions des questions :

533. (L. Lévy). Physionomie du mouvement d'une colonne de troupes en marche. 210-212.

409. (Lauvernay). Equation particulière du 6e degré. 233.

JOURNAL DE MATHÉMATIQUES SPÉCIALES

4e Série. Tome III. 1894.

Solutions des questions :

349. (G. de Longchamps). Propriété de l'hyperbole équilatère. 43-44.

249. Lieu des centres d'une série de coniques. 236-237.

DEUXIÈME PARTIE

TRAVAUX SCIENTIFIQUES

ET

MÉMOIRES

RELATIFS A LA PHYSIQUE ET A LA CHIMIE

ET AUX SCIENCES D'OBSERVATION

1860-1894

ORGANISATION ET ENSEIGNEMENT

DE

COURS DE PHYSIQUE ET CHIMIE

L'objet du présent Chapitre est d'indiquer la part de l'auteur à l'enseignement de la Physique et de la Chimie et à l'organisation des collections et laboratoires nécessaires à cet enseignement durant son séjour à Grenoble et à Montpellier, dans les Écoles régimentaires du Génie (*) de ces deux garnisons.

Les subdivisions suivantes semblent donc devoir faciliter l'exposé des travaux correspondants : emplois successifs ; organisation d'installations matérielles ; périodes d'enseignement ; ouvrages didactiques.

Emplois successifs.

Adjoint au Commandant de l'Ecole régimentaire du Génie de Grenoble (alors en voie de formation). Décision ministérielle du 31 octobre 1877.

En possession de cet emploi
du 1er novembre 1877 au 3 novembre 1879.

Chargé du Cours de Physique et Chimie :

1° du 6 novembre 1877 au 27 mars 1878. 37 leçons.
2° du 5 novembre 1878 au 28 mars 1879. 41 leçons.

Adjoint au Commandant de l'Ecole régimentaire du Génie de Montpellier. Décision ministérielle du 4 mai 1883.

En possession de cet emploi
du 24 mai 1883 au 12 août 1887.

Chargé du Cours de Physique et Chimie :

3° du 3 novembre 1883 au 16 juillet 1884. 42 leçons.
4° du 4 novembre 1884 au 22 mai 1885. 29 leçons.
5° du 2 novembre 1885 au 23 février 1886. 43 leçons.
6° du 3 novembre 1886 au 18 février 1887. 42 leçons.

A son deuxième séjour à Grenoble, l'auteur a été, sur sa demande,

Chargé du Cours de Physique et Chimie :

7° du 25 octobre 1888 au 10 janvier 1889. 12 leçons.

Voici maintenant, avec plus de détails, le développement des travaux auxquels a donné lieu le service spécial de l'enseignement des Sciences physiques.

(*) Ou simplement Écoles du Génie, depuis 1885.

Organisation d'installations matérielles.

Collections de Physique et Chimie.

(GRENOBLE)

La décision ministérielle du 31 octobre 1877 n'était que la ratification d'une proposition antérieure, datant déjà du 23 juillet.

Aussi, dès le 28 octobre 1877, l'auteur avait donné ses instructions pour la confection d'appareils de démonstration destinés à l'enseignement qu'il allait inaugurer.

Voici, pour plusieurs de ces appareils, les époques respectives de livraison ainsi que les époques de différents aménagements du Cabinet de Physique et du Laboratoire de Chimie.

CABINET DE PHYSIQUE

Appareils et instruments livrés en 1877.

Caisse de résonnance pour grand diapason (10 novembre) (*). — Aiguille aimantée, disposée de façon à servir de boussole de déclinaison et de boussole d'inclinaison (12). — Aéromètre de Nicholson (13). — Tourniquet hydraulique (16). — Aimant en fer à cheval (16). — Kaléidophone de Wheastone (16). — Support du tube de Mariotte (17). — Pyromètre à cadran, de Musschenbroek, pour la dilatation linéaire des métaux (21). — Support en clinquant pour galvanisation des charbons de pile électrique (28). — Excitateur à manches de verre (1er décembre). — Excitateur de Galvani (1). — Appareil pour la détermination du point 0 du thermomètre (3). — Excitateur simple (3). — Appareil pour la détermination du point 100 du thermomètre (7). — Caisse pour batterie électrique (7). — Carreau fulminant (8). — Appareil d'Ingenhouz à 5 tiges pour calorimétrie (9). — Gâteau de résine pour l'électrophore (10). — Cadres support universel pour installation d'appareils (12). — Deux pendules électriques en moelle de sureau (15). — Perce-verre ou perce-carte (18). — Lampe d'émailleur (18). — Anneau de S'Gravesande (18). — Plateau de l'électrophore (23). — Photomètre de Rumford (28). — Tourniquet électrique (29). — Tube étincelant. — Excitateur de Galvani.

Réparations, remises à neuf et améliorations.

Remise en état de nombreux éléments de pile Bunsen, de câbles télégraphiques, et de divers appareils d'électricité.

Aménagements.

Caisse pour piles Leclanché, 11 décembre.

Appareils et instruments livrés en 1878.

Ludion (12 janvier). — Galvanomètre différentiel (10 février). — Bouteille de Leyde (18). — Poulies moufles (22). — Appareil pour la force cen-

(*) Les dates mentionnées sont celles de livraison ou d'achèvement. Deux dates simultanées donnent les époques de commencement et de terminaison des travaux.

Les mentions non suivies d'indication de date se rapportent aux objets livrés ou aux travaux exécutés dans l'année inscrite en tête du paragraphe.

trifuge (27). — Double cône roulant sur deux droites (28). — Batterie électrique de 4 bocaux (1er mars). — Pont de Wheastone pour petites résistances (3). — Types des 6 formes cristallines et des 6 systèmes d'axes (23). — Appareil de Daniell pour l'action mécanique des courants voltaïques (5 avril). — Jarre (10). — Voltamètre (16). — Siphon intermittent pour les résidus d'argent des manipulations photographiques (25). — Appareil d'Arago pour démontrer l'induction par les aimants dans les corps en mouvement (30). — Commutateur pour explosion de plusieurs amorces (12 juin). — Deux microphones (29 août). — Deux solénoïdes de démonstration (31 octobre). — Pendule composé, imité du pendule de Borda (6 novembre). — Mécanisme d'échappement à ancre (13). — Appareil pour l'action des courants sur les sels (30). — Tube étincelant. — Carreau magique. — Disque de Newton pour la recomposition de la lumière blanche. — Jet d'eau dans le vide.

Réparations, remises à neuf et améliorations.

Moteur électro-magnétique (25 mai). — Modification à la lunette stadimétrique (1er novembre). — Modification au support de la lunette stadimétrique (6 décembre). — Trois serre-joints pour la machine électrique (25).

Aménagements.

Etiquettes d'instruments, blanches pour les instruments construits aux ateliers, vertes pour les instruments livrés par le commerce (22 juillet). — Etagère pour les galvanomètres (29). — Installation des collections de physique (juillet). — Bâti pour la machine Gramme de laboratoire, à aimant Jamin (18 septembre). — Quatre bobines de fil isolé, pour essais au galvanomètre (longueurs 100, 200, 200 et 300 mètres) (31 octobre). — Caisses pour piles Leclanché, nouveau modèle (18 novembre).

Appareils ou instruments livrés en 1879.

Tube de Mariotte (27 mars). — Pendule de Foucault pour démonstration de la rotation de la terre (22 avril).

Réparations, remises à neuf et améliorations.

Presses hydrauliques (un modèle en bois et un modèle en métal. — Machine électrique à plateau de verre. — Poulie à cinq diamètres. (Ces divers objets, reçus le 1er octobre, provenaient des collections de l'Ecole Polytechnique).

Aménagements.

Caisse pour piles Gaiffe (13 janvier). — Deux cages vitrées pour les galvanomètres (5 février). — Etagère pour la collection minéralogique (5 avril). — Mise en place d'un tableau de la fabrication du gaz et d'un tableau des équivalents (reçus le 1er octobre et provenant des collections de l'Ecole Polytechnique).

Laboratoire de Chimie

L'aménagement des locaux affectés à l'École régimentaire a commencé en mars 1878.

Construction du fourneau et de l'évier (1-6 avril). — Bâti en bois pour la cuve à mercure (4 juin). — Cuve à eau (24 juillet). — Lavabo sur évier (26). — Installation de l'alambic (26). — Mise en essai de l'alambic (7 août). — Porte-tubes, porte-éprouvettes. — Support de tubes à analyses.

Installation provisoire des collections de Chimie (juin 1878).

Travaux exécutés et objets livrés en 1879.

Modification au lavabo (18 mars). — Supports pour entonnoirs et pour filtres (25). — Porte-entonnoirs et porte-cornues (30). — Supports pour toiles métalliques à chauffer (1er avril). — Pinces pour ballons et cornues (10). — Supports pour chauffage de ballons et cornues (16). — Trois étagères pour les collections de produits chimiques (11 juin).

M. G. Braemer, chimiste à Lyon, ancien élève de Bunsen, a très activement contribué à l'installation et à l'organisation du Laboratoire de Chimie, du 8 au 26 mars 1879. Il a dirigé d'importantes manipulations et préparations parmi lesquelles : fabrication de coton-poudre, de sulfate de cuivre ammoniacal, de sulfate de potasse, d'azotate de zinc, distillation d'alcool de lavage, analyse d'un alliage d'argent, réduction de chlorure d'argent et fusion d'argent métallique, etc., etc. Il a également fait don de plusieurs appareils et d'une quinzaine d'échantillons de produits chimiques non encore représentés aux collections.

Situation en 1888.

Les locaux affectés primitivement au Cabinet de Physique et au Laboratoire de Chimie étaient des pièces du rez-de-chaussée, du côté du nord. Quelque temps après 1879, ces installations furent transférées dans un bâtiment voisin où on leur a réservé des emplacements plus spacieux, mais encore exposés au nord, et situés à un étage mansardé et insuffisamment éclairé. La seule amélioration faite en 1888 a été d'établir une baie de communication avec écran à contre-poids, entre le Cabinet de Physique formant salle de cours et le Laboratoire de Chimie, pour faciliter les manipulations, particulièrement pendant les leçons de Chimie.

Collections de Physique et de Chimie.

(MONTPELLIER)

Aussitôt son installation à Montpellier, l'auteur a désiré profiter des cinq mois qu'il avait à attendre la reprise de son enseignement pour réorganiser complètement les collections d'instruments de Physique et de Chimie.

Le Cabinet de Physique et le Laboratoire de Chimie de l'École régimentaire du Génie à Montpellier étaient installés dans des locaux suffisamment vastes, mais qu'il était nécessaire d'aménager en vue de recevoir de nouveaux instruments, à construire aux ateliers de l'École ou à acquérir dans le commerce.

A ce moment les collections de Chimie comprenaient :

pour les *métalloïdes*, 29 échantillons;

pour les *métaux*, 113 échantillons (dont 19 produits du potassium, 10 du sodium, 6 du calcium, 8 du baryum, 7 du plomb, 8 du cuivre, 8 du mercure, etc.) ;

pour les *produits organiques*, 36 échantillons,

soit, en définitive, 178 échantillons, suffisants pour les besoins de l'enseignement à donner.

Dans la suite, ces collections ont été portées à un total de plus de 200 échantillons, soit par de nouvelles acquisitions, soit par le résultat de différentes préparations faites au Laboratoire.

Pour la reprise du Cours de Physique et Chimie, le Laboratoire, qui servait en même temps de salle de cours, a été complètement réapprovisionné et doté d'améliorations nombreuses. Il en a été de même les années suivantes, comme on pourra en juger par les indications données ci-après.

Quant aux instruments de Physique, voici, comme précédemment, le tableau des principaux modèles construits sur les indications de l'auteur, durant les quatre années de son deuxième séjour à Montpellier.

CABINET DE PHYSIQUE

Appareils et instruments livrés en 1883.

Balance à résistances électriques (20 juin). — Niveau de maçon (17 octobre). — Tourniquet hydraulique (24). — Pyromètre coudé, pour la dilatation du fer (13 décembre). — Commutateurs électriques. — Appareils pour la démonstration des propriétés du centre de gravité. — Collection de diaphragmes pour l'optique. — Appareil pour les halos. — Photomètre de Rumford. — Double cône roulant sur deux droites. — Héliotrope simple avec son cadre. — Inverseur Peaucellier. — Modèles de soupapes de pompes. — Écran en bois. — Écran octogonal diaphane en papier dioptrique. — Joint universel pour chalumeau d'émailleur.

Réparations, remises à neuf et améliorations.

Petit modèle de machine à vapeur verticale. — Voltamètres. — Piles électriques (Bunsen, Léclanché, Grenet et autres). — Manipulateurs d'étude.

Aménagements.

Etagère pour la machine pneumatique (29 juin). — Installation d'étiquettes indiquant les grandes subdivisions de la Physique (13 août) (*). — Agrandissement de la vitrine du fond pour instruments d'optique.

(*) En même temps que ces étiquettes, il en a été placé d'analogues aux vitrines de la Bibliothèque de l'École, pour la subdivision générale par nature d'ouvrages (13 août).

Appareils et instruments livrés en 1884.

Appareil d'Arago pour l'induction par les aimants dans les corps en mouvement (4 juillet). — Brûleur Bunsen (16). — Cylindres creux en zinc pour la démonstration des propriétés du centre de gravité (28 octobre). — Totons de démonstration en fer blanc et en zinc, à centre de gravité variable (31). — Modèles de divers systèmes articulés donnant le tracé de la ligne droite (10 novembre). — Appareil pour démontrer l'invariabilité du plan d'oscillation du pendule (4 décembre). — Ludion à éprouvette.

Réparations, remises à neuf et améliorations.

Modification du métronome (29 décembre). — Tuyau coudé en cuivre pour la platine de la machine pneumatique.

Aménagements.

Installation d'étagères pour disposer en hauteur plusieurs instruments qui occupaient beaucoup de place en largeur.

Appareils et instruments livrés en 1885.

Les instruments construits en 1883 et en 1884 avaient déjà complété les collections au point de rendre beaucoup moins urgente la construction de nouveaux appareils. Il n'en a pas été fait d'importants en 1885.

Réparations, remises à neuf et améliorations.

Support en bois pour petit modèle de ventilateur Roots (27 mai). — Mécanisme du régulateur électrique Foucault (27). — Armoires mobiles pour installation des projecteurs de lumière électrique (27).

Aménagements.

Continuation des aménagements de détail, destinés à utiliser le mieux possible la place disponible dans le local un peu exigu affecté aux collections de Physique.

Appareils et instruments livrés en 1886.

Tourniquet pneumatique. — Appareil pour la pluie de mercure. — Lingotière pour fabrication de cylindres de zinc pour piles. — Coupe-pomme. — Conducteurs secondaires montés sur pieds en verre.

Réparations, remises à neuf et améliorations.

Rien d'important à mentionner.

Aménagements.

Tableau de réglage des lampes à arc (installation de l'ampère-mètre, du volt-mètre, etc.) (septembre 1886). — Résistances en fil de fer galvanisé enroulé sur des cadres en sapin.

Appareils et instruments livrés en 1887.

Rien d'important à signaler. La collection d'instruments suffisait à ce moment à tous les besoins du cours.

Réparations, remises à neuf et améliorations.

Pour mémoire. Quelques perfectionnements de détails apportés à l'installation ou à la disposition de certains instruments existants.

Aménagements.

Mise en place d'une étiquette à l'entrée du local des vitrines d'instruments de Physique (11 juillet).

Voir, à la suite, les aménagements relatifs aux autres collections de l'Ecole régimentaire.

Laboratoire de Chimie.

(et Salle de Cours)

Année 1883.

Etagères pour divers ustensiles (4 et 7 juin). — Placard pour la verrerie (29). — Armoire vitrée pour les collections de Chimie (6 novembre). — Evier et réservoir d'eau (6 novembre-27 décembre). — Quatre tables et bancs pour les élèves (6-13 novembre). — Estrade en planches (13-14). — Supports en bois (15). — Trois tableaux vitrés, de métallurgie, et un tableau de fabrication de l'acide sulfurique, provenant d'anciennes collections de l'Ecole Polytechnique (30). — Etagères diverses. — Surélévation de la table du laboratoire. — Armoire aux acides. — Collection d'outils pour montage d'appareils et pour manipulations diverses.

Année 1884.

Réfection du tableau noir (mis en place le 23 avril). — Réfection de peinture du tableau noir (19 septembre).

L'ancien tableau noir a été utilisé, moitié pour les unités électriques (voir ci-après), moitié pour les symboles et équivalents des corps simples (5 colonnes de 13 noms, distingués par des teintes différentes pour l'hydrogène, les métalloïdes, les métaux ordinaires, les métaux de la mine de platine, et les corps nouvellement découverts par l'analyse spectrale).

Année 1885.

Tableau des unités électriques, terminé le 19 juin, mis en place le 22 juin. — Garniture de fer du fourneau en maçonnerie (4-5 août).

Année 1886.

Pose de 4 ferrures aux portes de l'armoire aux acides (7 janvier). — Installation des tuyaux d'amenée de l'eau de la ville dans le réservoir du laboratoire (15 juin-8 juillet). — Réchaud à gaz (20-29 Juillet). — Masticage de la table du laboratoire (23 septembre). — Clouage de plaques de tôle aux persiennes des deux croisées du laboratoire (25). — Pinces en bois pour manipulations.

Année 1887.

Mise en place d'une étiquette à la vitrine des collections de produits chimiques (11 juillet).

NOTE. — Dès les premiers temps, le vitrage des croisées du laboratoire et du cabinet d'instruments avait été blanchi à la céruse, pour tamiser la lumière, et éviter l'action directe du soleil.

Toutes les collections de chimie ont été, en outre, soigneusement étiquetées.

INSTALLATIONS SPÉCIALES

Laboratoire de Chimie

DE LA

RÉUNION DES OFFICIERS D'ALGER

L'auteur croit devoir rappeler qu'il lui a été donné de s'occuper des aménagements nécessaires à l'organisation du local affecté à un laboratoire de Chimie dans les bâtiments de la Réunion des officiers d'Alger.

Son départ d'Alger, en avril 1882, ne lui a point permis de poursuivre une installation qu'il aurait désiré avoir terminée pour ce moment.

Il avait toutefois grandement profité de l'expérience et des services de M. G. Braemer, alors chimiste à Izieux, qui a fait dans ce local d'importantes recherches d'analyse chimique, du 19 décembre 1881 au 6 mai 1882, et qui, à son départ, a laissé quelques appareils.

Si l'auteur avait eu la possibilité de se fixer à Paris, il eût tenté d'y établir un laboratoire de Chimie destiné à donner à de jeunes savants les moyens d'entreprendre des recherches scientifiques. Il espérait ainsi pouvoir continuer une œuvre toute personnelle, commencée en 1860 à Strasbourg, où il avait organisé un laboratoire de Chimie, dont il a été heureux d'utiliser le matériel et les collections pour augmenter, au début même de sa fondation, le laboratoire de Chimie de l'Ecole régimentaire du Génie de Grenoble, en 1878.

Collections diverses.

En même temps qu'il organisait les collections de Physique et de Chimie, l'auteur a réuni en 1879 les premiers échantillons d'une collection minéralogique qui s'est ultérieurement accrue de divers spécimens. Il a commencé aussi d'autres collections qui pouvaient avoir leur utilité pour les cours de travaux pratiques (tableaux ou pancartes d'explosifs, matériaux de construction, nœuds de cordages, instruments de topographie et de levers, etc.).

Durant son séjour à Montpellier, il a aussi fait préparer des collections du même genre, notamment celles des divers types d'explosifs en usage dans l'armée.

Enfin, à la suite de modifications apportées à l'organisation et aux programmes d'enseignement des Ecoles régimentaires, il a procédé, du 15 février au 1er juin 1887, au remaniement de l'installation des galeries de modèles de dessin, des plans-reliefs, des tableaux de travaux pratiques, des modèles de construction et d'architecture et des instruments de topographie qui existaient à Montpellier.

Ces collections ont été munies d'étiquettes indiquant les principales subdivisions par nature de modèles, comme cela avait été fait en 1883 pour la Bibliothèque.

NOTE. — Toutes les constructions et installations d'instruments ont été signalées dans les rapports annuels sur les travaux des Ecoles régimentaires.

Périodes d'Enseignement du Cours de Physique et Chimie

L'enseignement donné dans les différentes périodes a été réparti de la manière suivante :

1° — Année 1877-78

Cours de Physique.

Du 6 novembre 1877 au 22 janvier 1878. 21 *leçons.*

Généralités. Hydrostatique. Pneumatique. Acoustique. Optique. Chaleur. Magnétisme. Electricité statique. Electricité dynamique.

Cours de Chimie.

Du 24 janvier 1878 au 27 mars 1878. 16 *leçons.*

Généralités. Métalloïdes. Métaux. Chimie organique.

2° — Année 1878-79.

Cours de Physique.

Du 5 novembre 1878 au 21 janvier 1879. 24 *leçons.*

Généralités. Hydrostatique. Pneumatique. Acoustique. Chaleur. Optique. Magnétisme. Electricité statique. Electricité dynamique.

Cours de Chimie.

Du 23 janvier 1879 au 28 mars 1879. 21 *leçons.*

Généralités. Métalloïdes. Métaux. Chimie organique.

3° — Année 1883-84.

Cours de Physique.

Du 3 novembre 1883 au 7 mai 1884. 25 *leçons.*

Généralités. Hydrostatique. Pneumatique. Acoustique. Chaleur. Optique. Magnétisme. Electricité statique. Electricité dynamique.

Cours de Chimie.

Du 10 mai 1884 au 16 juillet 1884. 17 *leçons.*

Généralités. Métalloïdes. Métaux. Chimie organique.

4° — Année 1884-85.

Cours de Physique.

Du 4 novembre 1884 au 22 mai 1885. 29 *leçons.*

- *Généralités. Hydrostatique. Pneumatique. Acoustique. Chaleur. Optique (réflexion et réfraction).*

5° — ANNÉE 1885-86.

Cours de Chimie.

Du 2 novembre 1885 au 30 décembre 1885. 27 *leçons.*
Généralités. Métalloïdes. Métaux. Chimie organique.

Cours de Physique.

Du 6 Janvier 1886 au 23 Février 1886. 17 *leçons.*
Magnétisme. Electricité statique. Electricité dynamique. Optique (*Reprise des matières enseignées en 1885 et achèvement du programme de l'Optique.*)

6° — ANNÉE 1886-87.

Cours de Physique.

Du 3 novembre 1886 au 27 janvier 1887. 29 *leçons.*
Généralités. Hydrostatique. Pneumatique. Acoustique. Chaleur. Optique. Magnétisme. Electricité statique. Electricité dynamique.

Cours de Chimie.

Du 28 janvier 1887 au 18 février 1887. 13 *leçons.*
Généralités. Métalloïdes. Métaux (*Métaux alcalins*).

7° — ANNÉE 1888-89.

Cours de Physique.

Du 25 octobre 1888 au 10 janvier 1889. 12 *leçons.*
Généralités. Hydrostatique. Pneumatique. Acoustique. Chaleur (*Thermométrie et Hygrométrie*).

Dans chaque période, quelques-unes des leçons ci-dessus énumérées ont été consacrées à des expériences, à des visites de collections, à des manipulations de Physique ou de Chimie, à des conférences complémentaires, à des interrogations ou à des compositions sur les matières du cours.

OUVRAGES DIDACTIQUES

Notions de Physique.

(Première Edition.)

(Grenoble, janvier 1879.)

Les exigences de l'instruction pratique des régiments du Génie réduisaient l'enseignement théorique ou d'école à une durée insuffisante pour arriver à exposer, chaque année, avec les développements convenables, le programme complet du cours de Sciences physiques. Il était donc utile et même indispensable de donner aux élèves le moyen d'étudier à loisir ce programme spécial, pour faciliter la préparation de leurs examens. C'est ce que l'auteur a fait dès l'année 1878 à Grenoble. Il s'est donc mis en devoir de rédiger immédiatement ses leçons et de les livrer à l'impression afin de munir les élèves de son travail pour la reprise des cours de 1878-79.

Le tableau suivant donne une idée précise de la rapidité d'exécution de ce travail, qui a nécessité une rédaction manuscrite préalable, puis l'autographie accompagnée de nombreuses figures dans le texte : rédaction et autographie que l'auteur a menées de front, comme on peut s'en rendre compte.

Avant la fin du cours de Physique, le Résumé autographié a pu être distribué aux élèves.

A titre de renseignement pour la lecture de ce tableau, voici l'indication des subdivisions générales du Résumé, avec les numéros d'ordre des paragraphes correspondants.

Généralités. §§ 1-11. Propriétés générales des corps. 12. Rappel de notions générales de Mécanique. 13-14. Pesanteur ou Gravité. 15-17. Pendule. 18-19. Chute libre des corps. 20. Leviers et balances. 20-22. Hydrostatique. 23-29. Principe d'Archimède. 30-31. Densités. 32-40. Pneumatique. 41. Hydropneumatique. 42-44. Barométrie. 45-51. Machines à extraire et à refouler les gaz et les liquides. 52-55. Acoustique. 56-61. Chaleur. 62. Dilatation des corps. 63-70. Changements d'état. 71-82. Dissociations et décompositions. 83. Hygrométrie. 84-91. Machines à vapeur. 92. Machines fixes. Machines locomobiles. Machines locomotives. 93-101. Chauffage. 102. Ventilation. 103-104. Optique. 105. Optique proprement dite. 106-110. Photométrie. 111. Catoptrique. 112-118. Dioptrique. 119-130. Dispersion et spectroscopie. 131-140. Diffraction et polarisation. 141. Description des instruments d'optique les plus simples. 142-143. Instruments destinés à l'observation des objets rapprochés, de petites dimensions. 144. Instruments destinés à l'observation des objets éloignés. 145. Instruments de projection. 146. Appareils de télégraphie optique. 148. Magnétisme. 149-157. Electricité. 158. Electricité statique. 159-178. Electricité dynamique. 179-189. Piles diverses. 190-198. Effets de la pile. 199-209. Electro-magnétisme. 210-217. Télégraphes électriques. 218-227. Induction. 228-232. Machines électro-magnétiques. 233-236. Applications diverses de l'électricité. 237-240.

NOTIONS DE PHYSIQUE

RÉDACTION	
PARAGRAPHES	DATES 1878
1-25	7 X
25-30	10 X
31-46	11 X
47-53	12 X
54-55	17 X
55-58	18 X
59-67	19 X
68-73	20 X
74-75	21 X
76-81	22 X
81-83	23 X
84-90	24 X
91-92	25 X
93-94	26 X
94-115	27 X
116-122	28 X
123-132	29 X
132-130	30 X
139-144	31 X
144-145	1 XI
145-146	2 XI
146-147	3 XI
147-151	4 XI
152-159	6 XI
160-168	7 XI
169-174	8 XI
175-180	9 XI
180-181	13 XI
182-188	23 XI
180-207	24 XI
208-211	25 XI
212-223	22 XII
224-240	23 XII

TIRAGE DES AUTOGRAPHIES				
FEUILLES	PAGES	PARAGRAPHES	FIGURES	DATES 1878
1	1-8	1-12	»	24 XI
2	9-16	12-19	6	29 XI
3	17-24	19-26	11	29 XI
4	25-32	26-31	22	2 XII
5	33-40	31-41	13	2 XII
6	41-48	41-50	8	4 XII
7	49-56	50-56	18	6 XII
8	57-64	56-66	19	5 XII
9	65-72	66-75	9	6 XII
10	73-80	75-82	11	7 XII
11	81-88	82-93	6	10 XII
12	89-96	93-97	6	10 XII
13	97-104	97-104	3	16 XII
14	105-112	104-115	8	16 XII
15	113-120	116-128	13	17 XII
16	121-128	128-138	11	17 XII
17	129-136	138-145	3	20 XII
18	137-144	145-147	10	20 XII
19	145-152	147-157	5	20 XII
20	153-160	158-166	18	21 XII
21	161-168	166-178	13	21 XII
22	169-176	178-189	10	27 XII
23	177-184	189-206	10	27 XII
24	185-192	206-215	17	31 XII
25	193-200	215-232	16	31 XII
				1879
26	201-208	232-240	12	3 I
27	I-VIII	Table	»	6 I

Les feuilles ont été imprimées en ville, sauf les feuilles 1, 7, 17, 26 et 27, seules tirées à la lithographie de l'École. La rapidité exceptionnelle d'exécution du travail n'aurait pu être assurée avec l'outillage dont l'École disposait à ce moment.

Note. — Dans ce tableau, on a désigné les mois de l'année par des chiffres romains.

Notions de Physique.

(Deuxième Edition.)

(Versailles, janvier 1880.)

La première édition des Notions de Physique avait été tirée à une centaine d'exemplaires, nombre suffisant pour les besoins de l'enseignement pendant plusieurs années, mais l'auteur fut informé, le 13 octobre 1879, c'est-à-dire quelques jours avant son départ pour Alger, que le Commandant de l'Ecole régimentaire du Génie de Versailles, désirant mettre ce Résumé à la disposition des élèves du cours, venait de décider la réimpression de l'édition de 1878. Le travail était déjà commencé à cette date, mais il n'y avait qu'une feuille de réimprimée. Aussi l'auteur se mit en devoir d'ajouter à la rédaction primitive quelques indications de détail, tout en maintenant la même subdivision pour les divers paragraphes.

Ces diverses modifications adressées avant la fin d'octobre 1879, l'impression était terminée le 30 janvier 1880.

Cette deuxième édition comprend 246 pages de texte (tables non comptées) et quelques figures de plus que la précédente.

Notions de Physique.

(Troisième Edition.)

(Grenoble, juin 1890.)

La nouvelle édition de 1880, tirée à quatre cents exemplaires, a été répartie entre les quatre Ecoles régimentaires (Versailles, Montpellier, Arras, Grenoble) où elle a suffi aux besoins de l'enseignement jusqu'en 1888.

Dans l'intervalle, l'auteur a continuellement profité de toutes les remarques et observations qui pouvaient être ajoutées à l'édition de 1880 et il les a inscrites sur un exemplaire annoté, dans l'intention de publier une édition aussi parfaite que possible à la première occasion favorable. C'est ce qu'il essaya de faire en 1889, espérant ainsi remédier aux inconvénients de l'insuffisant développement des Leçons du Cours de Physique, mais il comptait sans d'autres imprévus, car la réimpression, commencée le 11 janvier 1889, ne fut terminée que le 20 juin 1890, et entre temps, il avait dû quitter Grenoble. La publication, dirigée de loin, ne put être menée à terme ; il fallut l'arrêter au § 55. Elle était d'ailleurs la copie de la 2e édition de 1879 avec quelques annotations complémentaires.

Le manuscrit retouché des §§ 56 à 70 était prêt pour la continuation, mais il n'a pas été utilisé.

Aujourd'hui, la question pourrait encore être agitée, de refondre entièrement cet ouvrage, mais il vaudrait mieux sans doute composer un livre élémentaire destiné à suffire à toutes les exigences de l'enseignement et non pas seulement au programme restreint en vue duquel il avait été primitivement rédigé.

L'édition partielle de 1890 forme 80 pages de texte, dont 7 planches pour les figures, ce mode de groupement ayant paru plus avantageux pour la rapidité du travail de copie.

Notions de Chimie.

(MÉTALLOÏDES)

(Grenoble, juin 1879.)

La publication des Leçons de Chimie (Première Partie) a suivi une progression non moins rapide que pour les Leçons de Physique, mais elle a été faite d'une autre manière, et autographiée directement sans rédaction de notes manuscrites.

Le temps a d'ailleurs manqué pour publier le cours complet de Chimie comme l'aurait désiré l'auteur.

La première partie, seule publiée, forme 83 pages avec 6 figures dans le texte.

Voici les principales subdivisions de ce Résumé :

Généralités §§ 1-21. Métalloïdes. 22. Oxygène. 23-25. Hydrogène. 26-30. Azote. 31-35. Combinaisons de l'Azote avec l'Oxygène. 36-46. Combinaison de l'Azote avec l'Hydrogène. Ammoniaque et Ammonium. 47-51. Carbone. 52-53. Combinaisons du Carbone avec l'Oxygène. 54-57. Combinaisons du Carbone avec l'Hydrogène. 58-70. Combinaison du Carbone avec l'Azote. 71-73. Chlore. 74. Combinaison du Chlore avec l'Hydrogène. 75-76. Combinaisons du Chlore avec l'Oxygène. 77-82. Soufre. 83-85. Combinaisons du Soufre avec l'Oxygène. 86-94. Combinaison du Soufre avec le Carbone. 95. Phosphore. 96-99. Combinaisons du Phosphore avec l'Oxygène. 100-103. Combinaisons du Phosphore avec l'Hydrogène. 104. Notions complémentaires. 105-113.

Le Résumé de Chimie, tiré à cent exemplaires, n'a pas eu de nouvelle édition ; néanmoins, il a suffi pour l'enseignement à Grenoble et à Montpellier jusqu'en 1887.

Programmes

DES LEÇONS DE PHYSIQUE ET CHIMIE

Indépendamment des rédactions de cours mises à la disposition des élèves, ceux-ci ont reçu également des exemplaires autographiés des programmes des Leçons du cours de Physique et Chimie, afin de pouvoir étudier dans les ouvrages d'enseignement classique les matières plus spécialement exigées. Ces programmes comportaient eux-mêmes certains paragraphes marqués d'un astérisque, servant alors à désigner les articles dont la connaissance pouvait être facultative.

PHYSIQUE ET CHIMIE

ET

HISTOIRE DE CES SCIENCES

ARTICLES DE FONDS

Les seuls articles publiés ont paru au Journal *La Science pour Tous*.

De la cuisson de la chaux en Algérie.

XVIII. 1873 : 293-294.

Emploi de paille ou de chaume, dans les localités où le bois est rare.

Théorie ancienne des quatre éléments.

XVIII. 1873 : 338-339, 346-347, 354-355 (8 colonnes).

Principales subdivisions de cette étude :
Origines de la classification des quatre éléments. Dépendance établie entre quelques-uns d'entre eux. Doctrine définitive des quatre éléments d'Aristote. Les éléments personnifiés. Leur lutte perpétuelle. Rôle général attribué à chacun d'eux par les philosophes et les théologiens. Culte rendu aux éléments dans l'antiquité. Les chevaux des quatre éléments d'après Dion Chrysostome. Réfutation de la théorie des quatre éléments.

Théories des anciens sur les atomes.

XIX. 1874 : 102-105 (6 colonnes).

Étude historique des hypothèses relatives aux atomes et à la constitution de la matière.
Existence des atomes. Leur invisibilité. Démonstration de leurs diverses propriétés : le mouvement, l'indestructibilité, l'invariabilité et l'éternité. Le système de l'âme. Hypothèses modernes sur les atomes. Expériences récentes qui pourraient les confirmer.

Théories des anciens sur les rôles divers des quatre éléments.

XIX. 1874. 360-361, 367-369, 374-375 (9 colonnes).

Série d'articles formant suite à ceux du tome XVIII sur le même sujet. Détails complémentaires relatifs au culte rendu aux éléments chez les anciens. Témoignages en faveur d'un cinquième élément, l'éther. Rôle des éléments dans la constitution intime des corps.

TRADUCTIONS

Traductions publiées dans le Journal La Science pour Tous.

Sur les récents progrès des Théories relatives à la connexion entre le Magnétisme et l'Électricité, par M. Helmholtz.

XXI 1876 : 131-132, 138-139, 146-147 (9 colonnes).

Notion du potentiel électro-dynamique. Tentatives de Faraday pour connaître les causes élémentaires réelles des effets électro-dynamiques. Exposé des résultats obtenus. Ouvrage didactique de M. Clerk Maxwell.

L'action à distance, par M. Clerk Maxwell.

XXI. 1876 : 234-235, 242-243, 250-252 (10 colonnes.)

Sujet de conférence, exposé par M. Clerk Maxwell, dans l'intention de faire connaître les idées de Faraday sur la transmission de la force et sur la notion des lignes de force, qui, dans ses mains, est devenue la clef de la science de l'électricité.

Traductions publiées dans le Journal Les Mondes.

W. Olding — **Travaux scientifiques du professeur Thomas Graham** (1805-1869).

XLIV. 1877 : 164-171, 207-214, 263-270, 302-314, 340-358.

Esquisse biographique et indication des ouvrages et mémoires publiés par cet illustre chimiste. Exposé de ses principales découvertes : I. Modifications de l'acide phosphorique. II. Hydratation des corps composés. III. Mouvement des liquides comprimés. Transpiration. IV. Diffusion des liquides. V. Dialyse et osmose. VI. Mouvements des gaz sous pression. Effusion et transpiration. VII. Diffusion des gaz. VIII. Passage des gaz à travers des membranes colloïdes. IX. Occlusion des gaz par les métaux.

Carey Lea. — **Moyens nouveaux et puissants de rendre visible l'image photographique latente.**

XLIV. 1877 : 612-619.

Intéressante étude de Chimie photographique.

TRAVAUX DIVERS

RELATIFS AUX SCIENCES D'OBSERVATION

Cette partie de la Notice, relative aux études de Physique, renfermerait logiquement l'indication des travaux de Météorologie de l'auteur, mais il a été jugé préférable de la renvoyer en même temps que ses études relatives aux Sciences naturelles, à une autre partie de cette Notice, réservée à l'Economie rurale, à la Statistique agricole et aux Sciences géographiques, avec lesquelles la Météorologie et les Sciences naturelles ont une corrélation immédiate.

Il en est de même des études ayant trait à l'histoire de la Météorologie et à la bibliographie des Sciences d'observation.

Quelques-unes de ces études pourraient par conséquent figurer dans le présent chapitre, mais il n'y a pas de raison absolue pour les y maintenir. On les trouvera dans la troisième partie.

Il ne sera donc ici question que des expériences, observations et recherches relatives à des applications de la Physique, ou de la Chimie, à l'instruction et aux travaux techniques des armes spéciales.

Les principales subdivisions de cet exposé se rapporteront à la Télégraphie optique ; à l'Éclairage électrique ; à la Télégraphie électrique ; enfin, à divers objets de recherches.

Généralement, les observations faites n'ont pas comporté de mesures ni de résultats numériques ; il eût été possible de les utiliser à des recherches purement spéculatives, mais ce n'est évidemment pas le but de l'application des Sciences physiques aux arts militaires. Les expériences destinées à fournir des résultats scientifiques précis doivent être préparées avec des soins particuliers, qu'il ne paraît pas facile d'apporter à des installations de travaux de polygone, toujours faites à la hâte et dans des conditions qui se rapprochent de celles que l'on rencontrerait en campagne.

TÉLÉGRAPHIE OPTIQUE

A diverses reprises, de 1877 à 1887, l'auteur a étudié ou traité plusieurs questions relatives au service de la télégraphie optique : manipulation des appareils, formation de moniteurs d'instruction, projets d'établissement de réseaux de télégraphie optique, etc.

Voici quelques détails sur les principales périodes et divisions d'études :

Essais de visibilité.

Le développement donné à la télégraphie optique a amené l'auteur à étudier les conditions de visibilité de différentes localités du territoire de la chefferie de Dellys (Algérie) en 1882.

A ce moment, un service de correspondance par télégraphie optique fonctionnait régulièrement entre les stations de Tizi-Ouzou et de Fort-National et entre le sommet de Belloua (près de Tizi-Ouzou) et la Bou-Zaréa (près d'Alger).

En outre, des expériences et recherches de visibilité ont été faites :

1° Entre Dellys et les mouillages de la côte orientale;

2° Entre le phare du cap Bengut (à 2 km de Dellys) et la Bou-Zaréa d'Alger;

3° Entre le Belloua (Tizi-Ouzou) et Dra-el-Mizan.

Ces expériences ont été faites au moyen de l'héliotrope simple, employé en géodésie, et formé d'un miroir plan, rectangulaire. Les rayons du soleil, une fois réfléchis sur ce miroir, devaient passer par un cadre de même dimension, aligné avec le miroir sur la station dont on recherchait la visibilité.

Instructions pratiques.

L'auteur a mis à la disposition des instructeurs militaires ainsi que des élèves du Cours de Physique des Instructions complémentaires, spéciales à la télégraphie optique. Ces Instructions, publiées à Montpellier en 1883, puis renouvelées chaque année, ont eu pour but de signaler quelques observations relatives au réglage des appareils. Quelques-unes étaient le fruit de son expérience personnelle.

Mission d'étude à Paris.

Afin d'obtenir l'unité dans les méthodes d'enseignement et d'instruction de la télégraphie optique, chaque Ecole régimentaire du Génie a désigné en 1885 un officier et plusieurs instructeurs pour assister à Paris aux expériences de télégraphie optique dirigées par un officier du Dépôt des Fortifications.

L'auteur a été le délégué de l'Ecole de Montpellier et, en cette qualité, il a séjourné à Paris du 30 mai au 7 juin 1885.

Service de la Télégraphie optique.

Durant ses deux séjours à Grenoble (de 1877 à 1878) et à Montpellier (de 1883 à 1887) l'auteur a dirigé l'instruction pratique du service de télégraphie optique. Les expériences à grande distance ont été faites, d'une part, entre Grenoble et les collines de Poizat; et d'autre part, entre la citadelle de Montpellier et la tour de Palavas.

La source de lumière était, suivant les circonstances, la lampe à pétrole ou la lumière solaire avec emploi de l'héliostat.

Conférences de télégraphie optique.

Comme suite à sa mission d'étude à Paris, l'auteur a fait à Montpellier des conférences aux officiers sur la télégraphie optique.

1° aux officiers de réserve, en 1883, 1884, 1885, 1886 et 1887.

2° aux officiers du 2e régiment du Génie, les 11 et 13 août 1886.

3° aux officiers d'infanterie réunis à Montpellier pour y suivre en 1886 les cours de l'École de travaux de campagne (conférence du 19 octobre).

Incidemment, il croit devoir mentionner les descriptions des appareils de télégraphie optique dans une des leçons du cours de Physique (voir les *Notions de Physique*, publiées en 1878 et en 1879, § 148), et les conférences qu'il faisait chaque année aux élèves du cours précité, sur le terrain du polygone et dans les salles de modèles, où se trouvait, particulièrement à Montpellier, une importante collection de tous les types d'appareils de télégraphie optique, les uns portatifs, les autres télescopiques, avec manipulateurs d'étude, héliostats, etc.

MISSIONS PARTICULIÈRES

L'auteur a obtenu les missions suivantes qui lui ont été fort utiles pour le service spécial des Écoles régimentaires du Génie :

1° A **Montpellier**, du 27 septembre au 27 octobre 1877, pour assister aux opérations du simulacre de guerre souterraine, en prévision de sa désignation prochaine à un emploi à l'École régimentaire de Grenoble.

2° A **Marseille**, du 25 au 27 juin 1883, en compagnie de MM. Crova et Pauchon, professeurs de physique à la Faculté des Sciences et à l'École de Pharmacie de Montpellier.

Cette mission a eu pour objet la visite des installations d'éclairage électrique par lampes à arc et machines Brush, faites par les soins de la Compagnie du gaz.

3° A **Paris**, du 15 au 21 avril 1884, en compagnie, également, de MM. Crova et Pauchon, pour assister aux séances de la Réunion annuelle des Sociétés savantes, et étudier les récentes inventions relatives à l'emploi de l'électricité.

4° A **Paris**, du 30 mai au 7 juin 1885.

Cette mission, spécialement réservée à la télégraphie optique, a été cependant aussi pour l'auteur l'occasion d'assister à des expériences nouvelles d'éclairage électrique par lampes à incandescence, actionnées au moyen de machines dynamo à système compound.

A la suite de cette visite, il a fait décider l'acquisition par l'École régimentaire de Montpellier d'une machine de ce nouveau type, qui a été mise en place les 25 et 26 juin 1886.

A ce moment, l'École régimentaire disposait de trois machines Gramme : deux d'atelier, pour transport de la force motrice, et une du système compound, pour lumière (lampes à arc ou à incandescence) (*).

5° A **Bordeaux**, du 23 au 26 février 1887, pour choisir du matériel de voie ferrée, à réexpédier à Montpellier pour les besoins du polygone et de l'instruction des travaux de chemin de fer.

(*) Pour les expériences de 1883 et de 1884 et jusqu'en 1885, à l'École du Génie et à l'École d'Agriculture, ces deux établissements s'étaient mutuellement prêté leurs machines Gramme. En 1886, l'École du Génie fit l'acquisition d'une machine Gramme, type d'atelier, pour la production ou la réception de force motrice, et d'une machine Gramme, type compound, pour l'éclairage électrique.

ÉCLAIRAGE ET TÉLÉGRAPHIE ÉLECTRIQUE

Expériences d'éclairage électrique.

Les Écoles régimentaires du Génie étudient et cherchent à perfectionner les différents moyens proposés pour l'éclairage électrique, soit des galeries et rameaux, soit de grands espaces.

L'auteur a fait, pour sa part, des essais de plusieurs systèmes, dans l'expérimentation desquels il a largement profité des conseils de M. Crova et de divers électriciens.

Voici, en résumé, les principaux genres d'éclairage qui ont été essayés :

Lampes électriques portatives, piles plongeantes au bichromate de potasse, additionné d'acide sulfurique étendu. Les piles, formées de couples zinc-charbon, fournissaient le courant nécessaire à une petite lampe à incandescence.

Lampes fixes, à incandescence électrique. Les lampes à incandescence, du système Maxim, expérimentées en 1885 pour l'éclairage d'une galerie de contremines, ont été installées sur une dérivation du courant de la machine Gramme.

Lampes à arc, pour projections photo-électriques, au début des opérations du simulacre de siège qui se pratique annuellement dans les Écoles régimentaires du Génie.

L'auteur a été chargé de ces expériences à cinq reprises différentes, à Grenoble en 1879 et à Montpellier en 1883, 1884, 1885 et 1886.

Chaque fois il a fait usage du régulateur Serrin, muni d'un réflecteur parabolique orienté à la main.

En 1879, l'École de Grenoble ne disposait pas de machine Gramme pour lumière ; le courant nécessaire a été fourni par 95 éléments Bunsen. C'est peut-être la dernière fois qu'un aussi grand nombre d'éléments Bunsen ont été employés à une expérience d'éclairage électrique dans des opérations militaires (8 octobre 1879).

A Montpellier, les expériences ont été faites avec le courant d'une machine Gramme actionnée par une locomobile. La dynamo employée était du type d'atelier jusqu'en 1885 et du type compound à partir de 1886.

Les expériences ont eu lieu respectivement, le 29 octobre 1883, le 1er octobre 1884 (avec essai préalable le 29 septembre), le 12 septembre 1885, et le 13 octobre 1886 (avec essai préalable le 1er octobre).

En 1886, pour les dernières expériences, l'auteur a fait construire un tableau de distribution électrique portant un ampère-mètre, un volt-mètre avec top, un commutateur, et plusieurs bornes et conducteurs en cuivre jaune, pour communications diverses ainsi que des résistances en fil de fer galvanisé enroulé sur de grands cadres en sapin.

NOTE. — Parmi d'autres applications de l'éclairage électrique, l'auteur a remarqué, en octobre 1893, la possibilité d'utiliser la lumière des lampes à arc pour l'observation pétrographique des substances minérales translucides.

Télégraphie électrique.

Au début de l'organisation de l'Ecole régimentaire de Grenoble, l'auteur a été chargé de l'installation de la ligne télégraphique destinée à relier les ateliers aux bureaux de l'Ecole, emménagés dans un nouveau local depuis le 5 juin 1878.

Une partie de la ligne a été construite d'après le type ordinaire des lignes aériennes; une autre partie, d'un développement total de 1400 mètres, formée de câbles isolés, a été disposée sous la tablette d'escarpe de la fortification.

Ce travail a été fait du 11 juin au 17 juillet.

Les appareils télégraphiques en correspondance étaient du type dit poste militaire.

La ligne a servi en même temps aux transmissions téléphoniques.

Expériences de transport de force motrice.

Des expériences de transport de force motrice ont été instituées régulièrement tous les deux ans, pour le service d'aérage des galeries pendant les travaux du simulacre de guerre souterraine au polygone de Montpellier.

En 1883 (5-26 septembre), elles ont été faites dans un ouvrage de campagne, construit sur l'annexe du polygone; en 1885 (1-22 octobre), dans les galeries du bastion des ateliers de l'Ecole.

L'énergie mécanique transportée était le courant d'une machine Gramme, transmis à une seconde machine de mêmes dimensions, par un câble du type dit câble-lumière.

La machine Gramme réceptrice donnait ensuite le mouvement à un ventilateur Roots.

En 1883, l'usine à vapeur était installée à l'extrémité nord des anciens baraquements du polygone; en 1885, elle était aux ateliers de l'Ecole.

Dans l'intervalle de ces deux années, l'auteur a assisté à des expériences analogues faites par M. Crova à l'Ecole d'Agriculture de Montpellier, le 16 juin 1884.

Expériences de téléphonie.

Les expériences de téléphonie dont il est question ici ont été faites à Montpellier en 1886. Elles ont eu pour objet de se rendre compte de la perception et de la transmission des bruits des outils des travailleurs occupés à des travaux particuliers dans les galeries de contremines, à des distances variables de microphones placés dans d'autres galeries.

OBSERVATIONS, EXPÉRIENCES ET RECHERCHES DIVERSES

Observations calorimétriques.

Par décision du Général commandant le XVI° corps d'armée à Montpellier, des expériences comparatives ont été instituées dans le but d'évaluer l'influence des peintures de diverses couleurs sur l'échauffement intérieur des caissons de munitions d'artillerie, sous l'influence de la radiation solaire, pendant les plus fortes chaleurs de l'année.

Ces expériences, confiées à l'auteur, ont été faites dans le cours des mois de juin et juillet 1886, en y employant des thermomètres enregistreurs Richard, contrôlés par des thermomètres à maxima.

La discussion des résultats obtenus a été faite par les soins de M. Crova, professeur à la Faculté des Sciences de Montpellier.

Expériences de télémétrie.

L'auteur a fait partie de deux commissions successivement nommées pour expérimenter un télémètre inventé par le colonel Larroque, directeur de l'artillerie à Alger. Les expériences ont été faites, une première série, les 28 et 30 décembre 1875, 3 et 7 janvier 1876, avec rapport présenté le 15 janvier, et la seconde série, les 17 et 19 janvier 1876.

Les commissions ont opéré sur le terrain de manœuvres de l'hippodrome de Mustapha, près d'Alger.

Travaux de Mécanique pratique.

Les aménagements nécessaires aux travaux des ateliers et aux chantiers de polygone de l'Ecole régimentaire, à Grenoble et à Montpellier, ont conduit naturellement à étudier en même temps l'aménagement de machines ou d'organes mécaniques variés. Dans ce genre de travaux de Mécanique pratique, il paraît utile de mentionner :

1° L'installation temporaire de locomobiles, scieries, ventilateurs de divers systèmes, gaînes de ventilation, machines Gramme, câbles électriques pour transport de la force, paliers, pompes d'épuisement, transmissions diverses, etc.;

2° L'installation et l'aménagement de dispositifs de protection contre les accidents d'atelier : guides, gardes-corps, caisses-couvercles pour dynamos, etc.;

3° Construction ou aménagement de modèles de machines et organes de machines (le détail en a été donné à propos des Collections d'instruments de Physique) ;

4° Construction d'une poutre tubulaire cylindrique formée de rubans métalliques entrecroisés en hélice.

Dans la pensée de l'auteur, ce système pourrait être expérimenté en grand, comme moyen de franchissement d'obstacles ;

5° Expériences sur la construction et le lancement de divers systèmes de ponts militaires.

Expériences diverses.

L'auteur mentionnera ici, pour mémoire :

La fabrication de la chaux et des briques, longtemps pratiquée dans les Écoles régimentaires, mais aujourd'hui en désuétude (à Grenoble, il en a été fait : 1° du 27 au 30 septembre 1878 ; 2° du 9 au 13 août 1879 ; 3° du 28 août au 1er septembre 1879) ;

La remise en état et le montage d'une centaine d'éléments Bunsen (septembre 1879) ;

Des expériences de sulfatisation de sacs à terre, faites à Grenoble en mai 1878, et qui ont porté sur un approvisionnement de 10500 sacs ;

Des essais d'utilisation des liquides ayant servi aux piles électriques portatives, à liquide sulfo-chromique, et employées pour l'éclairage des travaux souterrains (Montpellier, octobre 1885) ;

La préparation du liquide excitateur et le remplacement des zincs des piles précitées ;

La construction et la mise en essai d'appareils destinés à servir de lanternes pour le tracé des tranchées pendant la nuit. Ces lanternes, munies d'un projecteur donnant un faisceau cylindrique ou très faiblement divergent, se trouvaient montées sur un trépied, au-dessus d'une boussole topographique dont elles éclairaient le limbe ;

Des expériences sur les explosifs employés dans les applications militaires ;

Des mesures photométriques ;

Enfin d'autres expériences ou recherches d'importance variable, et dont l'énumération n'ajouterait rien d'essentiel à ce qui précède.

Mémoires descriptifs.

La plupart des expériences susmentionnées ont fait l'objet de mémoires descriptifs, annexés au compte-rendu annuel des travaux des officiers. L'auteur désire cependant y ajouter une étude d'ensemble, rédigée en 1883 (fin juillet), ayant pour objet un catalogue de formules et données relatives aux sciences mathématiques, aux sciences physiques, à la résistance des matériaux, à la météorologie, à l'éclairage électrique, à l'aérostation militaire, à la télégraphie électrique, à la télégraphie optique, etc.

Ces renseignements étaient destinés à concourir à la rédaction et à la publication de chapitres de l'*Aide-Mémoire de l'Officier du Génie*, alors en préparation.

TROISIÈME PARTIE

TRAVAUX SCIENTIFIQUES

ET

MÉMOIRES

RELATIFS A L'ÉCONOMIE RURALE, A LA MÉTÉOROLOGIE

ET AUX SCIENCES NATURELLES

1860-1894

RÉSUMÉ DE DIVERS TRAVAUX

AYANT POUR OBJET

l'Agronomie, l'Economie rurale, la Statistique agricole, la Géographie commerciale, etc.

Cette troisième partie de la présente Notice est consacrée à des travaux qui se rattachent au domaine de l'Agriculture et de la Géographie commerciale plutôt qu'à l'étude des Sciences mathématiques et physiques. Il a donc paru nécessaire de les classer dans un chapitre spécial, qui comprendra les travaux de Météorologie, en raison de leur étroite affinité avec l'Économie rurale et avec les autres subdivisions de l'Agriculture.

La Météorologie de l'Algérie occupera, dans ce chapitre, une place étendue.

SERVICE MÉTÉOROLOGIQUE DU GOUVERNEMENT GÉNÉRAL DE L'ALGÉRIE

L'auteur a été appelé à collaborer à l'institution et au fonctionnement du service météorologique du Gouvernement général de l'Algérie.

L'exposé de cette importante organisation scientifique a été présenté en 1875, au Congrès de l'Association française pour l'Avancement des sciences, à Nantes, par le général Farre, commandant supérieur du génie en Algérie, et directeur du service météorologique.

Lecture de cette communication a été donnée, le 23 août 1875, à la Section de Physique, par M. Laisant, qui l'a complétée par de nouvelles indications.

La collaboration de l'auteur comprend deux époques distinctes correspondant à deux séjours successifs à Alger.

PREMIÈRE PÉRIODE.

Du 27 janvier 1874 au 25 novembre 1876.

Installation du service météorologique. Entrée en relations avec les Commissions météorologiques de l'Algérie. Organisation de nouvelles stations. Centralisation des bulletins mensuels. Négociations pour l'organisation du service de télégrammes météorologiques. Publication de bulletins et résumés mensuels. Publication de bulletins quotidiens. Correspondance avec les observateurs. Échange de publications avec divers offices météorologiques de la France et de l'Etranger. Participation à l'Exposition générale de la Société d'Agriculture d'Alger en 1876 ; etc., etc.

DEUXIÈME PÉRIODE.

Du 20 novembre 1879 au 11 avril 1882.

Centralisation du service. Inspection de toutes les stations météorologiques. Refonte des instructions et des imprimés en usage. Participation au Congrès de l'Association française pour l'avancement des sciences, tenu à Alger en 1881, au Concours agricole et à l'Exposition d'Alger. Publication des bulletins et résumés mensuels. Publication du bulletin quotidien avec carte du temps. Relations avec le Bureau central météorologique de France et avec les offices météorologiques étrangers. Publication de statistiques diverses ; etc., etc.

Les deux séjours de l'auteur à Alger représentent, en totalité, une durée de cinq ans trois mois, pendant lesquels il a été chargé du service météorologique.

Organisation de Stations météorologiques

L'auteur a concouru à l'*organisation* des stations météorologiques ci-après désignées (*).

1° *Suivant les instructions de M. Ch. Sainte-Claire Deville.*

Ecole normale (Alger)	24 mars 1874.
Batna	14 avril.
Hôpital du Dey (Alger).	27 avril.
Phare du Cap Caxine (près d'Alger)	29 avril.

2° *Sous la direction personnelle de M. Ch. Sainte-Claire Deville.*

Médéa	11 mai 1874.
Boghar.	14 mai.
Djelfa	22 mai.
Laghouat.	26 mai.
Aflou.	1er juin.
Géryville	6 juin.
Saïda	13 juin.
Oran (Karguenta).	17 juin.
Trappe de Staouëli (près d'Alger)	23 juin.
Fort l'Empereur (Alger) (*anémométrie*) . . .	24 juin.

(*) Les dates mentionnées sont celles des travaux d'installation des stations et de leurs instruments.

Le détail des journées de route ou de séjour dans les différentes localités n'a pas été donné ici.

Ces différents observatoires météorologiques ont été pourvus d'instruments de même type : baromètre à large cuvette (Renou-Tonnelot), abri Montsouris, thermomètres sec et mouillé (psychromètre), thermomètres à maxima Walferdin et à minima Rutherford, thermomètre fronde, thermomètre pinceau, atmismomètre Piche, ozonomètre Schönbein, pluviomètre décuplateur, et girouette ; enfin, ils ont reçu un exemplaire des instructions météorologiques de M. Renou et un approvisionnement d'imprimés,

Le résumé des résultats de ce voyage a été exposé par M. Ch. Ste Claire Deville à l'Académie des Sciences à la séance du 27 juillet 1874. « Mais là, disait-il, où j'ai trouvé l'aide la plus puissante et le concours le plus efficace, c'est dans l'institution, due à M. le Gouverneur général Chanzy, d'un bureau, où se centralisent, à Alger, sous la direction du général Farre, commandant supérieur du Génie, tous les documents recueillis dans les stations météorologiques africaines. M. le capitaine du génie Brocard, adjoint au général pour ce service, y a porté, dès le début, le zèle le plus vif et un grand amour de la science, qu'il cultive, comme on sait, avec succès. Attaché à ma mission dans le sud des provinces d'Alger et d'Oran, M. Brocard m'a assisté avec intelligence dans l'installation des stations de Médéah, Djelfa, Laghouat, Géryville et Saïda, et il continuera notre œuvre en allant établir de nouvelles stations dans l'ouest et dans la Kabylie » (Voir *Comptes Rendus*. t. 79. pp. 191-196.)

3° *Suivant les instructions de M. Ch. Sainte-Claire Deville.*

Médéa (*nouvelle installation*).	8 février 1875.
Teniet-el-Haad	17 mai.
Sidi-bel-Abbès.	23 juin.
Orléansville.	3 juillet.
St-Cyprien (Les Attafs)	3 juillet

Inspection de stations météorologiques.

A son retour en Algérie (novembre 1879), l'auteur a reçu la mission de procéder aussitôt que possible à l'*inspection* de toutes les stations du réseau météorologique algérien.

Cette inspection a été faite aux époques indiquées ci-après :

Hôpital du Dey (Alger).	1er décembre 1879.
Trappe de Staouëli (près d'Alger)	7 décembre.
Phare du cap Caxine (près d'Alger)	21 décembre.
Ecole normale (Alger).	28 décembre.
Fort l'Empereur (Alger)	4 janvier 1880.
Phare du cap Falcon (Oran)	9 mars 1880.
Tlemcen	11 mars.
Nemours	14 mars.
El-Aricha.	18 mars.

Sidi-bel-Abbès	23 mars.
Saïda. . . . . 25 mars et	5 avril.
Géryville	28 mars.
Relizane	8 avril 1880.
Tiaret	10 avril.
Orléansville	13 avril.
Saint-Cyprien (Les Attafs)	14 avril.
Ténez	16 avril.
Teniet-el-Haad	18 avril.
Boufarik	22 avril.
Phare du cap Carbon (Bougie)	21 mai 1880.
Hôpital militaire de Bougie.	22 mai.
Sétif.	24 mai.
Hôpital militaire de Constantine.	26 mai.
Gd Séminaire de Ste-Hélène (près Constantine)	26 mai.
El-Kantour (Col des Oliviers)	27 mai.
Tébessa	31 mai.
Batna	5 juin 1880.
Biskra	8 juin.
La Calle	15 juin.
Phare du Cap de Garde (Bône)	18 juin.
Guelma.	19 juin.
Philippeville	24 juin.
Djidjelly	27 juin.
Fort-National (*nouvelle installation*)	1er juillet 1880.
Tizi-Ouzou (*nouvelle installation*).	3 juillet.
Médéa	2 novembre 1880.
Laghouat.	7 novembre.
Djelfa (*nouvelle installation*)	13 novembre.
Bou-Saada (*nouvelle installation*)	19 novembre.
Trappe de Staoueli (*nouvelle installation*) .	31 janvier 1881.
Ecole Normale (Alger) (*amélioration*). . . .	3 janvier 1882.

Cette inspection a été de la plus grande utilité pour le fonctionnement ultérieur du service météorologique. Elle a donné une impulsion nouvelle aux observateurs, et elle a permis d'apporter quelques simplifications de détail au programme qui leur était tracé, ainsi qu'aux formules imprimées et aux instructions qui leur avaient été distribuées à l'origine.

MÉMOIRES ET TRAVAUX
DE
MÉTÉOROLOGIE ET CLIMATOLOGIE

Une subdivision spéciale en paragraphes a été jugée nécessaire ici pour faciliter l'indication méthodique et le classement des travaux de l'auteur relatifs à la Météorologie et des Notices qu'il a publiées dans divers organes, soit dans les documents officiels du Service, météorologique de l'Algérie, soit dans des journaux scientifiques, soit dans différents recueils académiques.

Les principales subdivisions se rapporteront aux objets suivants :

Commissions météorologiques départementales.

Météorologie et Climatologie de l'Algérie.

Participation à des Expositions agricoles et industrielles en Algérie.

La Météorologie de l'Algérie au Congrès d'Alger en 1881.

Mémoires de Météorologie dynamique.

Notices diverses publiées ou encore inédites.

I

COMMISSIONS MÉTÉOROLOGIQUES DÉPARTEMENTALES

L'auteur a été admis à faire partie des trois commissions météorologiques de l'Algérie avec lesquelles il a été en relations suivies pendant son séjour à Alger où il était chargé de la centralisation du service météorologique du Gouvernement général de l'Algérie.

A sa rentrée en France, il a pris part aux séances et aux travaux des Commissions météorologiques de l'Isère, de l'Hérault et de la Meuse.

L'auteur a été nommé membre titulaire des Commissions météorologiques de l'Algérie sur la proposition de M. Ch. Sainte-Claire Deville, membre de l'Institut, Inspecteur général des établissements météorologiques, et de la Commission météorologique de l'Hérault, sur la proposition de M. Crova, président de ladite Commission et correspondant de l'Institut de France.

Voici les dates des arrêtés portant nominations :

Commissions météorologiques départementales

1° de **Constantine**, *arrêté préfectoral du 21 janvier* 1874.

Le 3 novembre 1873, l'auteur a conféré avec M. le Préfet de Constantine au sujet de l'organisation de la Commission météorologique qui fut constituée par arrêté en date du même jour. Ce n'est que le 21 janvier 1874, quatre jours avant son départ pour Alger, qu'il fut nommé membre de la Commission météorologique de Constantine pour pouvoir assister à la réunion du 22 janvier.

2° d'**Alger**, *arrêté préfectoral du* 30 *mars* 1874.

Secrétaire adjoint le 31 mars 1874.

Secrétaire et trésorier le 25 juin 1874.

3° d'**Oran**, *arrêté préfectoral du* 17 *juin* 1874.

A l'égard de sa collaboration aux travaux des Commissions météorologiques de l'Algérie, l'auteur croit devoir rappeler qu'il a exposé l'historique détaillé de l'organisation de ces trois Commissions dans le *Bulletin de l'Instruction publique de l'Algérie*, T. I, année 1875-1876 (voir p. 17 de cette Notice).

4° de **Grenoble** (Isère), *arrêté préfectoral du* 31 *janvier* 1878.

5° de **Montpellier** (Hérault), *arrêté préfectoral du* 7 *janvier* 1886.

6° de **Bar-le-Duc** (Meuse), *arrêté préfectoral du* 6 *mars* 1894.

Aussitôt sa nomination à cette dernière Commission météorologique, l'auteur s'est chargé de la rédaction du Bulletin annuel de la station météorologique de Bar-le-Duc, ainsi que de la Statistique des Orages.

Son premier travail a été la discussion des observations de 1893 et l'étude des orages de cette même année.

II

PUBLICATIONS DIVERSES

RELATIVES AU SERVICE MÉTÉOROLOGIQUE DU GOUVERNEMENT GÉNÉRAL DE L'ALGÉRIE

L'auteur a été amené, par l'expérience de ses deux emplois successifs à la centralisation du service météorologique du Gouvernement général de l'Algérie, à étudier et à adopter certaines modifications aux instructions primitivement données aux observateurs, à mettre en usage diverses formules imprimées, et à publier, à l'occasion du service, un grand nombre de bulletins ou de notes ayant trait à la météorologie de l'Algérie.

Voici en résumé les plus importants de ces articles, à peu près dans l'ordre chronologique de leur publication.

Instructions météorologiques.

Des instructions de détail ont été rédigées, autographiées et distribuées aux observateurs, notamment sur les sujets suivants :

Instruction pour le montage et l'installation de l'abri.

Pluviomètre décuplateur. Installation et observation.

Emploi du thermomètre fronde et du thermomètre pinceau.

Instruction pour l'observation du baromètre.

Instruction sur l'ozone.

Installation de girouettes.

Installation et observation des thermomètres à maxima et à minima et du psychromètre. Remise en état des thermomètres à maxima Walferdin (à index de mercure et à bulle d'air).

Toutes ces instructions étaient spéciales au réseau météorologique africain, et venaient compléter celles qui, établies pour la France, pouvaient être insuffisantes en quelques points.

Formules imprimées pour bulletins mensuels.

Les premières formules, lithographiées à Paris et trop dispendieuses, ont été remplacées aussitôt que possible par des formules imprimées à Alger, et sur lesquelles on a ajouté toutes les indications de détail destinées à éviter toute équivoque au sujet du mode d'inscription des observations.

Tables numériques.

Des tables numériques destinées à faciliter les réductions du baromètre à zéro et au niveau de la mer et les calculs de l'état hygrométrique ont été rédigées au bureau météorologique et distribuées aux observateurs.

L'auteur s'est préoccupé surtout de simplifier les calculs d'hygrométrie, et à son retour à Alger en 1879, il fit imprimer une édition spéciale, appropriée au climat du nord de l'Afrique (pour des températures limites de — 12 à + 47°,8) et empruntée aux *Psychrometer-Tafeln* en usage dans le service météorologique de l'Allemagne, de l'Autriche et de la Russie.

Les nouvelles tables furent distribuées à la fin de l'année 1880 ; l'expérience a fait reconnaître qu'il fallait encore y ajouter quelques chiffres ; cette addition a fait l'objet d'une feuille spéciale, que l'auteur venait de terminer lorsqu'il dut quitter le service météorologique en 1882.

Résumés mensuels.

Des formules autographiées ont été en usage pendant quelque temps pour faciliter la rédaction et la centralisation des résumés climatologiques mensuels destinés à être publiés par les soins de la Société météorologique de France. (Voir le chapitre spécial.)

Bulletins télégraphiques quotidiens.

Des formules portant instruction détaillée pour la rédaction des télégrammes quotidiens ont été imprimées et distribuées aux observateurs des stations principales désignées pour adresser chaque jour un télégramme météorologique.

Accusés de réception.

Les bulletins mensuels ou d'autres informations provenant des observateurs faisaient l'objet d'accusés de réception sur lesquels on signalait les rectifications jugées nécessaires à l'occasion.

Observations simultanées.

Sur la proposition du général Albert J. Myer, chef du service météorologique des Etats-Unis, les observations destinées à établir la situation météorologique quotidienne sur l'hémisphère boréal doivent être faites à un même instant physique, midi 53 m. de Paris, correspondant à 7h35m du matin à Washington. En Algérie, ce moment correspond à 1 h. du soir, heure à laquelle on demandait précisément une des trois observations quotidiennes (7 h. m., 1 h. s., 7 h. s.).

L'auteur a pris l'initiative de centraliser les observations faites à 1 h. (ou un peu avant, ou un peu après, suivant les régions), de les transcrire sur une formule lithographiée, et de les adresser toutes prêtes pour l'impression.

Voici en quels termes cette initiative a été appréciée dans une lettre du 1er octobre 1875 du Bureau central (*Signal Office*) de Washington :

« ... on désire vous exprimer la reconnaissance toute spéciale de notre *Service*, pour la forme admirable sous laquelle les *bulletins* algériens sont présentés, et pour l'attention et la perspicacité avec lesquelles vous combinez la forme et disposez les colonnes, de telle sorte que les communications puissent être livrées, sans changement ni remaniement, à notre imprimeur du *Bulletin of international meteorological Observations*. Ce serait épargner beaucoup de peine aux officiers chargés de dresser le *Bulletin*, que de faire imiter votre attention spontanée sous ce rapport, par les chefs des autres centres météorologiques, qui coopèrent aux rapports internationaux. »

Observations spéciales.

L'attention des observateurs a été appelée sur l'utilité de s'intéresser aux phénomènes de la végétation, au passage des oiseaux migrateurs, aux phénomènes d'optique atmosphérique (arc-en-ciel, halo, parhélie, couronne lunaire, etc.), aux phénomènes sismiques (tremblements de terre), aux tempêtes de sable, au siroco, à l'orientation générale des arbres dans certaines localités, aux invasions de sauterelles et autres insectes nuisibles à l'agriculture, etc.

Ces recommandations ont eu leur effet et à diverses reprises, le bureau a reçu des bulletins renfermant de très intéressantes observations sur les phénomènes accidentels et rien n'a été négligé pour les utiliser immédiatement.

III

BULLETINS MÉTÉOROLOGIQUES QUOTIDIENS

L'utilité de la publication quotidienne des observations s'est affirmée dès les premiers temps de l'institution du nouveau service météorologique.

Chargé d'étudier les moyens de réaliser cette publication, l'auteur a successivement adopté les modèles suivants de bulletin quotidien.

1° Bulletin du Mobacher

Le Service a été autorisé à publier un bulletin météorologique dans le *Journal officiel* de l'Algérie, *le Mobacher*, à partir du 8 avril 1875. Cette publication quotidienne (sauf les dimanches et jours fériés) a cessé le 29 décembre 1877. La collection comprend 829 bulletins.

L'auteur a dirigé ce travail jusqu'au 24 novembre 1876, ce qui représente 496 bulletins.

Parmi de nombreuses notes particulières relatives à la météorologie de l'Algérie, il croit devoir signaler :

1° La publication des premières *moyennes isobares* mensuelles, par exemple, les isobares du 13 au 30 avril 1875 (parues le 1er septembre) ; puis celles des mois suivants, mai 1875 (parues le 2 septembre) ; juin (le 3 septembre) ; juillet (le 4 septembre) ; août, le 7 septembre ; celles de septembre parues dans le courant d'octobre ; celles d'octobre 1875, parues le 27 novembre, etc.

2° Une note sur la tempête du 25 octobre 1875, parue au bulletin dudit jour.

3° Des remarques et observations complémentaires relatives à d'autres tempêtes, à des coups de siroco, etc.

4° Diverses notes sur l'hypsométrie de l'Algérie, déduites de la discussion des moyennes barométriques relevées dans certaines localités ; par exemple, la comparaison des altitudes respectives de Médéa et Aumale (bulletin du 9 septembre 1875) ; de Boghar et Médéa (10 septembre) ; de Biskra et Tougourt (11 septembre) ; de Saïda et Tebessa (13 septembre, avec d'autres remarques publiées les 14 et 15 septembre) ; de Teniet-el-Haad et Djelfa (16 septembre) ; d'Oran-Karguenta et Biskra (17 septembre), etc.

Il serait intéressant de faire aujourd'hui le rapprochement des résultats déduits en 1875 d'observations barométriques avec ceux qu'on a obtenus depuis par un nivellement de précision.

5° Plusieurs extraits d'une Notice relative à des récompenses et encouragements donnés à divers observateurs par la Société météorologique de France et par la Société des sciences physiques, naturelles et climatologiques d'Alger.

6° Un spécimen de cliché de gravure représentant un tracé de baromètre enregistreur (20 mai 1876).

7° Enfin, des renseignements ayant à divers titres et suivant l'occasion un certain intérêt d'actualité, etc.

L'auteur a fait don, au Bureau central météorologique de France, de la collection complète qu'il possédait, reliée en cinq volumes.

2° Bulletin autographié

Pour éviter la difficulté, reconnue insurmontable, d'avoir en temps utile un tirage à part du Bulletin du *Mobacher*, il a été fait un bulletin spécial, autographié, de format tellière, donnant le tableau des observations africaines et de plusieurs sémaphores d'Europe.

Cette publication, marchant parallèlement à celle du bulletin du *Mobacher*, était destinée à compléter l'organisation du système d'avertissements maritimes. Elle a commencé le 13 avril 1875, pour continuer régulièrement durant le séjour de l'auteur, mais, quelques jours après son départ, elle a subi une réduction de moitié dans le format.

Enfin, à la date du 8 avril 1877, elle a été remplacée définitivement par un bulletin accompagné de carte du temps, d'après le modèle en usage au Bureau central météorologique de Paris.

3° Bulletin météorologique du Gouvernement général de l'Algérie

A son retour en Algérie (en 1879), l'auteur a continué cette publication commencée le 8 avril 1877, et il a saisi toutes les occasions qui se sont présentées d'y apporter les perfectionnements de détail que l'expérience de plusieurs années lui avait fait reconnaître de nature à faciliter l'exécution typographique de ce Bulletin, publié dans les bureaux mêmes du Service.

Il a également repris le système de publication de notes relatives à la météorologie de l'Algérie ou à divers sujets scientifiques, dans la partie du bulletin laissée disponible.

Voici quelques-unes des plus importantes qu'il juge utile de signaler :

1° Tempête du 14 au 17 décembre 1879. Étude comprenant cinq cartes du temps pour les journées des 14, 15, 16, 17 et 18, publiées respectivement les 23, 28, 31 décembre 1879, 4 et 15 janvier 1880, et quatre bulletins de dépêches en retard pour les journées des 14, 15, 16 et 17-18.

2° Bourrasque du 13 janvier 1880 au sud de la Sicile. Deux cartes du temps, publiées les 6 février et 9 mai.

3° Pluie à Bougie, de 1866 à 1879. Station de l'hôpital militaire. Bulletin du 29 février 1880.

4° Tempête du 27 au 31 mars 1880. Carte du temps des 27, 28, 29, 30 et 31, publiées respectivement les 28, 29, 30 avril, 1er et 2 mai.

5° Siroco de juillet 1880. (Bulletin des 6 et 8 août.)

6° Cartes de détail des journées des 2 et 3 septembre 1880.

7° Légende explicative des cartes météorologiques, publiée les 3 et 9 octobre 1880.

8° Isobares moyennes mensuelles. Reprise et continuation de la série de ces documents, dont une partie (décembre 1878 à juin 1879) avait paru antérieurement au retour de l'auteur, les 3 et 29 mai, 7, 21, 28 juin, 22 et 23 août 1879).

La période nouvelle comprend ici les isobares moyennes de décembre 1879 (bulletin 1665 du 12 juin 1880) ; janvier 1880 (nº 1666); février nº 1667) ; mars (nº 1668) ; avril (nº 1677); mai (nº 1692); juin (nº 1795) ; juillet (nº 1796); août (nº 1797); septembre 1880 (nº 1798).

9º La description du baromètre enregistreur Redier, le premier instrument de ce genre installé récemment au bureau météorologique d'Alger pour le compte de l'auteur.

La description empruntée à la notice de M. Redier parue dans l'Annuaire de la Société météorologique de France (t. XXIII, 1875) a été publiée dans les bulletins 1633 à 1642 (10 au 19 mai 1880), et accompagnée de deux figures (nºs 1635 et 1640).

L'explication de la compensation de température, empruntée à une note de M. Goulier parue au Bulletin international nº 166 de 1877, a été exposée au Bulletin nº 1725 (10 août 1880).

Ces renseignements justifiaient l'intérêt de la publication faite, à diverses reprises, des tracés du baromètre enregistreur. Ainsi, par exemple, le Bulletin a publié le 21 mai 1880, les courbes des 1er et 2 mai, puis celles de différentes périodes.

10º Nomenclature des stations du réseau météorologique africain au 15 avril 1881 (1-3 mai 1881). (Extrait de la communication du 15 avril 1881 au Congrès d'Alger.)

11º Notice météorologique (12-31 mai, 2000 à 2019). (Extrait des *Notices scientifiques* etc. *sur Alger et l'Algérie*, à l'occasion du Congrès d'Alger, p. 17-32.)

12º Le Bulletin météorologique du Gouvernement général de l'Algérie (3-16 juin, 2022-2035). (Reproduction de la note du 15 avril 1881 au Congrès d'Alger.)

13º Organisation actuelle du service météorologique en Europe, 23 octobre, 13 décembre, 2164-2215. (Reproduction de la conférence du 2 mars 1881.)

14º Tempête du 10 au 16 décembre 1881 (26 décembre 1881-6 janvier 1882). Etude accompagnée de huit cartes de détail.)

15º De nombreux articles sur les observations et le mouvement de la comète *b* de 1881, d'après divers documents communiqués à l'auteur.

16º Enfin, une grande quantité d'autres informations scientifiques.

De même que pour le Bulletin météorologique publié au *Mobacher*, l'auteur a fait don, au Bureau central météorologique, de sa collection, en 12 volumes reliés, des cartes quotidiennes publiées du 8 avril 1875 au 30 avril 1881. Le surplus a dû être adressé au Bureau central par les soins du Service d'Alger.

IV

RÉSUMÉS CLIMATOLOGIQUES

Sous ce titre général, l'auteur désigne ici une série de documents qu'il a fait publier en 1880 et en 1881 pour utiliser, aussitôt que possible, les données climatologiques recueillies sur les différents points du réseau africain.

Ces résumés, la plupart sous forme de grands tableaux, ont été régulièrement distribués aux observateurs et aux autres correspondants du Service météorologique. Ils comprennent, pour l'année 1880 :

1° Douze *résumés climatologiques mensuels* ;
2° Un *résumé climatologique de l'année* ;
3° La *climatologie du réseau africain* (trois placards de texte) ;
4° Douze *tableaux récapitulatifs des quantités de pluie* (en millimètres) tombées quotidiennement pendant chaque mois;
5° Onze *tableaux résumant la saison pluvieuse de* 1879-1880 (commencée le 1er septembre 1879);
6° Enfin, une *notice nécrologique sur le général Albert J. Myer*.

En 1881, cette collection a compris, entre les résumés mensuels, les documents spéciaux suivants :

1° *Régime pluvial de l'Algérie.* Quantités moyennes de pluie, en millimètres, recueillies annuellement à Alger dans l'intervalle de 30 ans, de 1851 à 1880 (réduites au quart). — Un tableau en bleu.

Même document pour la période de 26 ans, de 1854 à 1880 à Constantine.

2° *Conférence du 2 mars* 1881 *sur l'organisation actuelle du service météorologique en Europe.* — Trois placards.

Le compte-rendu de cette conférence de l'auteur est donné d'autre part.

3° *Eléments et image photographique de la comète b* (1881).

Notice de M. Janssen, membre de l'Institut. La réduction photographique, à environ $\frac{2}{3}$, a été jointe à la note du même savant publiée dans l'*Annuaire du Bureau des Longitudes* pour 1882.

V

ACQUISITION, INSTALLATION ET ENTRETIEN DES INSTRUMENTS

Le fonctionnement du service météorologique exigeait la constitution permanente d'une réserve d'instruments de toute nature, et particulièrement de thermomètres à maxima et à minima, de thermomètres ordinaires pour psychromètres, d'atmismomètres, de rondelles de papier pour atmismomètre, de papier ozonométrique, etc., etc. L'envoi de ces instruments se faisait très facilement par la poste, et les observateurs étaient munis des instructions nécessaires à la remise en état des instruments arrivés dérangés.

L'auteur a pourvu aux remplacements qui lui étaient demandés par les observateurs. De son côté, il a coopéré à l'organisation de plusieurs stations où il a transporté les instruments nécessaires. C'est ainsi que les stations du sud de l'Algérie notamment ont pu recevoir des baromètres à mercure qui y sont arrivés en parfait état.

D'autres installations particulières doivent être signalées ici.

La station météorologique de Fort-l'Empereur, près d'Alger, a été organisée plus spécialement pour l'observation de la direction et de la vitesse du vent. Elle a été pourvue d'un moulinet de Robinson, et, en outre, l'auteur y a fait construire et installer en décembre 1874, une girouette mobile autour d'un axe vertical traversant la toiture et reposant sur le dallage de la chambre de l'observateur. Une aiguille entraînée sur un cadran orienté, indiquait la direction du vent.

L'auteur a fait, également en 1874, construire et installer dans le bureau météorologique un sismographe d'un modèle analogue à celui du service de l'Artillerie à l'Arsenal d'Alger, et de même longueur, $1^m,145$, déterminée par la condition qu'un centimètre d'écart de la pointe, à partir de la verticale, correspondît à l'amplitude d'un demi-degré.

Enfin, en 1880, il reçut et mit en observation, à Alger, un baromètre enregistreur Redier, le premier de ce genre qui ait été installé en Algérie et en Afrique. L'auteur l'a emporté et observé dans la plupart de ses autres résidences, notamment à Dellys (du 13 avril au 30 novembre 1882) ; à Montpellier (du 12 juin 1883 au 2 août 1887), et à Grenoble (du 15 septembre 1887 au 31 juillet 1889). Les graphiques obtenus à Alger et dans les autres stations (sauf Montpellier) ont été remis au Bureau central météorologique ; plusieurs extraits de ceux d'Alger ont paru au Bulletin météorologique quotidien. Les autres sont demeurés inédits.

Aujourd'hui, ce baromètre existe encore ; il est, depuis le mois d'octobre 1894, installé et en observation à la station météorologique de Bar-le-Duc.

L'auteur a été associé, durant son séjour à Biskra, à une première tentative d'organisation de la station météorologique de Tougourt, antérieurement à la visite de M. Ch. Sainte-Claire Deville, et sur l'invitation de M. H. Tarry, secrétaire de la Société météorologique de France. Le travail demandé a consisté à mettre en observation, à Biskra, le baromètre à mercure, type Renou, destiné à la station de Tougourt. Cet instrument, reçu et comparé dans les premiers jours de février 1873, a été réexpédié à Tougourt dans la seconde quinzaine du mois, et mis en observation à partir du 17 mars à Tougourt où il était parvenu en bon état.

VI

BULLETIN DE L'INSTRUCTION PUBLIQUE DE L'ALGÉRIE

Publication fondée le 15 novembre 1875 et paraissant deux fois par mois.

Tome I. 1875-1876.

MÉTÉOROLOGIE. — **Commission météorologique départementale d'Alger** (227-233, 251-256, 266-272, 284-288, 300-304, 314-317, 335-336, 350-352, 364-367, 381-384, 421-424, 439-440).

ANNEXE I. — **La Météorologie à Tougourt, à Ouargla et à El-Oued (Souf) en 1873.** (310-314). (En tout 48 pages).

Lors de la fondation de ce *Bulletin*, l'auteur, en qualité de secrétaire de la Commission météorologique d'Alger, a obtenu de M. Boissière, inspecteur d'Académie, la publicité du nouveau journal pour exposer, avec les développements convenables, les faits relatifs à la constitution de la Commission météorologique d'Alger, à ses premières délibérations, et à l'organisation du service météorologique du Gouvernement général de l'Algérie.

Principales subdivisions de cet exposé :

Décret du 13 février 1873. Réunion des météorologistes français des 17 et 18 avril. Rapport de MM. Raulin et Crova (du 14 mai). Circulaire de M. Le Verrier (du 28 mai). Rapport de M. H. Tarry (du 30 août) pour l'Algérie. Circulaire du Gouverneur Général de l'Algérie aux Préfets (1er octobre). Rapport de M. H. Tarry (du 21 octobre). Préliminaires de l'organisation de la Commission météorologique d'Alger ; sa constitution définitive par arrêté préfectoral du 22 octobre. Premières réunions de la Commission. Première séance, tenue le 15 novembre. Historique de la météorologie algérienne depuis 1830, par M. Mac-Carthy. Séance de la sous-commission, le 20 novembre. Etablissement d'un programme d'observations. Nouvelle séance du 11 décembre. Deuxième séance de la Commission le 24 décembre. Importantes communications faites par M. H. Tarry. Voyage de M. Ch. Sainte-Claire Deville à Constantine, à Biskra et à Tougourt. Séances de la Commission de Constantine le 28 novembre 1873 et le 22 janvier 1874. Désignation de M. Brocard pour accompagner M. Ch. Sainte-Claire Deville à Alger. Décision du Congrès météorologique international de Vienne, relative aux observations simultanées. Période d'organisation de ce service. Solution proposée par M. Brocard et adoptée, depuis 1875, pour la communication des observations simultanées (de midi 53 min. temps moyen de Paris) au Service météorologique de Washington, chargé de leur publication.

Au départ de M. Boissière, en décembre 1876, le *Bulletin* a cessé de publier la note historique des travaux de la Commission météorologique d'Alger; il est vrai que l'auteur de cette note avait quitté aussi l'Algérie à ce moment. Cette lacune se trouve d'ailleurs en grande partie comblée par les diverses communications faites au Congrès d'Alger en 1881 et par les publications du Service météorologique, et il sera aisé de reprendre le sujet si on le désire, mais il est heureux que l'occasion se soit présentée de publier, comme première annexe, une intéressante notice sur la Météorologie à Tougourt, à Ouargla et à El-Oued (Souf), en 1873. C'est, probablement, la première fois qu'un Bulletin météorologique entièrement arabe a été publié dans un travail ayant trait à l'histoire de la Météorologie moderne.

VII

BULLETIN MÉTÉOROLOGIQUE ALGÉRIEN

(1874 et 1875)

Aussitôt l'organisation du réseau météorologique terminée, M. Ch. Sainte-Claire Deville a fondé, sous les auspices du Gouverneur général de l'Algérie, un recueil intitulé : *Bulletin météorologique algérien*, destiné à assurer la publication des observations météorologiques recueillies en Algérie.

Ce *Bulletin*, du format grand in-4°, a été tiré à 600 exemplaires, mais il n'en a été publié que deux volumes, comprenant les observations météorologiques de 1874 et de 1875.

Chaque volume est divisé en deux parties, la première, consacrée à différentes notices, la seconde, réservée aux tableaux d'observations mensuelles après réduction et rectification des erreurs instrumentales.

L'auteur a adressé divers travaux personnels publiés dans la première partie du *Bulletin*, notamment :

Tome I. 1874.

I. **Sur l'invasion des sauterelles en Algérie** (avril-août 1874) (pages 39-50).

Description complète de l'invasion de 1874 dont il n'a été donné que des résumés dans d'autres communications, soit à l'Académie des Sciences (voir *Comptes rendus*, t. 80, 1er semestre 1875, pp. 276-279) soit à la Société météorologique de France (voir l'Annuaire de la Société météorologique de France pour 1875, t. XXIII, pp. 57-63).

Ce Mémoire a été signalé à l'attention de l'Académie des Sciences, par M. Ch. Sainte-Claire Deville (voir *Comptes rendus*, Séance du 10 avril 1876, t. 82, p. 866), à l'occasion de la présentation du T. I du *Bulletin météorologique algérien*.

II. **Orages des 3 et 4 août 1874** (pages 50-52).

Relation des particularités observées durant ces orages d'intensité exceptionnelle.

Tome II. 1875.

I. **Instructions sur le service météorologique en Algérie** (pages 6-15, 14 figures).

Reproduction et réunion des instructions de détail adressées aux observateurs au début du fonctionnement du service météorologique.

Subdivisions du Mémoire :

Institution du service météorologique. Répartition des stations en deux classes. Heures et nature des observations demandées. — Baromètre Renou à large cuvette. Lecture brute. Lecture corrigée. Remarques de détail pour l'installation et le transport du baromètre Renou. — Thermomètres. Thermomètre maxima Walferdin. Thermomètre minima Rutherford. Psychromètre. Remarques sur l'installation des thermomètres. Thermomètre pinceau Janssen. Thermomètre fronde. Note sur la remise des thermomètres en état. Observations du thermomètre fronde. — Remarques diverses à inscrire sur les tableaux. — Atmismomètre Piche. — Hyétomètre décuplateur. — Ozomètre. — Anémomètre, Girouette. — Réduction du baromètre à zéro et détermination de l'état hygrométrique. — Envoi régulier des copies des tableaux d'observations. — Recommandations diverses. Rédaction et envoi des télégrammes météorologiques quotidiens.

II. **Sur l'emploi du baromètre Renou et sur diverses modifications dont il serait susceptible pour en faciliter la lecture** (pages 16-20, 2 figures).

Les observations du baromètre Renou devaient être corrigées de l'effet de la variation de niveau de la cuvette. C'était une complication que l'auteur a voulu supprimer par une modification convenable de la graduation de l'échelle, obtenue au moyen de la machine à diviser. Le principe de cette modification a été adopté par les constructeurs, et depuis la publication de ce mémoire on a construit des baromètres *à échelle compensée*, ce qui abrège singulièrement la lecture.

III. **Résultats de la discussion des télégrammes météorologiques centralisés à Alger** (1er août-31 décembre 1874) (pages 20-24).

Résumés mensuels des observations centralisées par télégramme depuis le 1er août 1874.

La discussion a porté sur quatre objets particuliers : Nébulosité, pluie, vent, pression.

IV. **Etude de la période météorologique du 5 au 18 octobre 1875 en Algérie et en Europe** (pages 24-31).

Etude et discussion des observations relatives à cette période, marquée en Algérie par une tempête particulièrement violente.

Ce Mémoire a été publié également dans le Tome XXIV, 1876, de l'*Annuaire* de la Société météorologique de France (pages 146-153).

V. **Note sur l'invasion des sauterelles en Algérie** (mars-juillet 1875) (pages 31-40).

Cette note a été, comme l'étude précédente, publiée dans le même *Annuaire* (pages 163-176), mais il en est rendu compte à propos de ce dernier recueil.

VIII

COMPTES RENDUS DES SÉANCES DE L'ACADÉMIE DES SCIENCES DE PARIS

TOME 78. 1er SEMESTRE 1874.

Séance du 6 avril.

Secousses de tremblement de terre éprouvées en Algérie, le 28 mars 1874 (pages 936-938).

Notice de l'auteur, accompagnée d'une figure de la courbe du sismographe de l'Arsenal d'artillerie d'Alger.

La communication de cette Notice à l'Académie des Sciences a été faite par les soins de M. Ch. Sainte-Claire Deville, qui se trouvait à Khodja-Béry (Sahel d'Alger) au moment de l'observation du phénomène.

Le texte de la lettre dont il s'agit a été reproduit dans le journal *la Science pour tous*, du 18 avril 1874 (page 128).

TOME 80. 1er SEMESTRE 1875.

Séance du 25 janvier.

Sur l'invasion des sauterelles en Algérie (avril-août 1874) (pages 276-279).

Cette note, présentée à l'Académie des Sciences par M. Ch. Sainte-Claire Deville, est le résumé du Mémoire spécial inséré dans l'*Annuaire de la Société météorologique de France* (t. XXIII, 1875, pages 57-63), et dans le *Bulletin météorologique Algérien* (t. I, 1874, 1re partie, p. 39-50).

Elle a été reproduite *in extenso* dans le journal *la Science pour tous*, du 6 février 1875 (pages 45-47).

La publication de ce travail dans les *Comptes rendus*, puis dans un grand nombre de chroniques scientifiques, a été l'origine des essais, entrepris en 1874 et continués pendant quelques années, en vue de substituer les sauterelles d'Algérie à la rogue de Norvège, employée comme appât pour la pêche de la sardine.

L'auteur ayant eu à prendre part à ces tentatives, un chapitre spécial de cette Notice en donne une indication suffisamment détaillée.

IX

SOCIÉTÉ MÉTÉOROLOGIQUE DE FRANCE

Fondée le 17 août 1852, à Paris.

L'auteur s'est fait inscrire, le 2 mars 1875, comme membre à vie.

Il a fait partie du Conseil de la Société pour 1877 et pour 1878, à titre de membre non résident.

Le présent chapitre est consacré à l'énumération des mémoires qu'il a adressés à la Société météorologique de France, pendant qu'il était chargé du service météorologique du Gouvernement général de l'Algérie.

NOUVELLES MÉTÉOROLOGIQUES

Tome VII. 1874.

Les premiers bulletins mensuels d'observations météorologiques du réseau algérien ont été résumés dans le t. VII, 1874, des *Nouvelles météorologiques*. Les stations récemment fondées et fonctionnant régulièrement étaient, pour le mois de juin 1874 : Alger (École Normale, Hôpital du Dey et Fort l'Empereur); Sainte-Hélène (près Constantine), Biskra, Médéa, Boghar et Djelfa; puis, à partir de juillet : Cap Caxine, Staoueli, Oran, Batna, Laghouat, Géryville et Saïda ; et, à partir du mois d'août : Kouba, Karguenta, et enfin, à partir du mois d'octobre, Aumale.

L'auteur a coopéré à cette publication, pour laquelle il a établi des formules imprimées destinées à abréger la rédaction des résumés climatologiques.

Tome VIII. 1875.

Notes diverses publiées dans ce volume.

Première partie.

Secousse de tremblement de terre, le 7 décembre 1874, à Dra-el-Mizan (37).

Communication destinée à mentionner le phénomène observé à Dra-el-Mizan.

Mémoire sur l'invasion des sauterelles en Algérie en 1874 (59-61).

Présentation de ce travail par M. Ch. Sainte-Claire Deville.

Le Mémoire a été publié, avec plus ou moins de développements, dans les *Comptes rendus*, dans le *Bulletin météorologique algérien* (voir d'autre part) et dans l'*Annuaire de la Société météorologique de France*, t. XXIII.

Le Bulletin météorologique du Mobacher (138).

Annonce de la publication, au *Mobacher*, depuis le 8 avril 1875, du Bulletin météorologique quotidien.

Deuxième partie

Etude de la période météorologique du 24 mai au 6 juin 1875, en Algérie et en Europe (208-210).

Etude spéciale de la période susmentionnée, durant laquelle une violente bourrasque s'était abattue sur l'Algérie.

Les bolides du 9 juin 1875 en Algérie (237-238).

Discussion de différents témoignages recueillis au sujet de l'observation de bolides qui auraient été signalés dans plusieurs localités de l'Algérie.

ANNUAIRE DE LA SOCIÉTÉ MÉTÉOROLOGIQUE DE FRANCE

Tome XXIII. 1875.

Sur l'invasion des sauterelles en Algérie (avril-août 1874) (57-63).

Publication du mémoire annoncé et résumé au t. VIII des *Nouvelles météorologiques* [voir aussi les *Comptes rendus* (t. 80) et le *Bulletin météorologique algérien*, t. I].

Tome XXIV. 1876.

Étude de la période météorologique du 5 au 18 octobre 1875 en Algérie et en Europe (146-153).

Nouvel exemple de période météorologique dont l'auteur a cru devoir faire une étude spéciale, dans la pensée que de semblables monographies peuvent avoir une grande utilité pour la climatologie scientifique de l'Algérie. C'est pourquoi il a jugé nécessaire de signaler aussi, dans le Bulletin météorologique quotidien, toutes les perturbations atmosphériques qui avaient particulièrement influé sur la région.

Note sur l'invasion des sauterelles en Algérie (mars-juillet 1875) (163-176).

Principales subdivisions de cette Monographie :

Biskra, cercle de Biskra et province de Constantine. Oasis et cercle de Bou-Sâada. Laghouat et Djelfa. Province d'Oran. Aflou (Djebel-Amour). Cercle des Beni-Mansour. Cercle d'Aumale. Cercle d'Akbou. Cercle de Bougie. Cercle de Sétif. Châteaudun-du-Rummel. Bordj-bou-Arreridj. Hodna (M'Sila, Barika, M'Doukal).

Emploi des sauterelles comme appât pour la pêche de la sardine.

Notes sur l'histoire naturelle des sauterelles.

Variétés et métamorphoses des sauterelles. Ponte des œufs. Ennemis et moyens de destruction des sauterelles. Dates des principales invasions de sauterelles. Point de départ des invasions de sauterelles.

Ce même travail a été publié dans le *Bulletin météorologique algérien* (t. II, pages 31-40).

Tome XXV. 1877.

Modifications successivement apportées au Bulletin météorologique du Mobacher (7-8).

Résumé chronologique du développement donné à ce Bulletin depuis une précédente communication de l'auteur sur le même sujet à la Société météorologique de France.

Tome XXVI. 1878.

Annonce d'un Mémoire sur l'invasion des sauterelles en Algérie en 1877 (12).

Annonce de l'envoi d'une étude de l'invasion des sauterelles en 1877.

Note sur l'invasion des sauterelles en Algérie (janvier-août 1877), (167-191).

Publication de l'étude annoncée p. 12.

Subdivisions de ce travail :

Étude chronologique de l'invasion.

Indication des mesures suivies pour la destruction des sauterelles.

État de la question de l'emploi des sauterelles comme appât pour la pêche. Statistique des pêches maritimes. Rapports de 1874, de 1875, de 1876 et de 1877 (Extraits).

Particularités relatives à l'histoire naturelle des sauterelles.

X

SOCIÉTÉ DES SCIENCES PHYSIQUES, NATURELLES ET CLIMATOLOGIQUES D'ALGER

Fondée le 10 décembre 1863 sous le nom de *Société de Climatologie*, elle prit ensuite son nouveau titre définitif.

Elle a publié chaque année un volume de Mémoires, formant le *Bulletin* de la Société.

L'auteur, membre associé le 25 septembre 1874, et titulaire à partir du 6 janvier 1875, a fait partie du bureau de la Société le 10 janvier 1876 en qualité de secrétaire archiviste.

Voici le résumé des principales communications qu'il a faites à la Société et mentionnées aux procès-verbaux des séances.

ANNÉE 1875.

Séance du 21 janvier.

Présentation de la note de M. Ch. Sainte-Claire Deville, du 27 juillet 1874, à l'Académie des Sciences, sur la météorologie de l'Algérie et l'organisation du réseau météorologique algérien.

Communication de divers renseignements sur la constitution médicale de Tuggurt, fournis par M. Ben Saïah.

Séance du 6 mars.

Présentation d'une Notice sur l'invasion des sauterelles en Algérie en 1874.

A l'occasion de la publication régulière des faits climatologiques mensuels, l'auteur insiste sur les avantages que tirerait la Société de la possession des *Nouvelles météorologiques*, publiées par la Société météorologique de France à Paris. Il ajoute que la publication de ces *Nouvelles* offrira d'autant plus d'intérêt pour la Société, que celle-ci pourra y faire ajouter chaque mois un résumé des bulletins météorologiques fournis par les stations de l'Algérie.

Séance du 3 avril.

Présentation :

1° D'un tableau des pluies d'Algérie, dressé par M. Trottier.

2° De la description du baromètre enregistreur Redier.

3° Du tarif de livraison à prix réduits, par M. Naudet, en faveur des Sociétés scientifiques qui désireraient se procurer ses appareils holostériques.

Séance du 17 avril.

Invitation à examiner un Mémoire de M. Gras, piqueur des ponts et chaussées, sur les tubes communiquants.

Séance du 8 mai.

Présentation de la 10e note de M. Ch. Sainte-Claire Deville, à l'Académie des Sciences, sur la période du 20e jour dodécuple.

Communication des conclusions du rapport relatif à l'invention proposée par M. Gras.

Séance du 5 juin.

M. Gras ayant demandé une nouvelle discussion de son projet de machine hydraulique, l'auteur est invité à exposer à nouveau les conclusions de son rapport. Après débat sur ce sujet, la Société déclare persister dans l'appréciation émise par le rapporteur. Avis sera donné à M. Gras.

Séance du 26 juillet.

L'auteur a l'occasion de rappeler que l'état actuel des sillons creusés par les Maures pour les irrigations en Espagne démontre la parfaite résistance des terres aux intempéries atmosphériques pendant plusieurs siècles.

A la suite de la discussion engagée, l'auteur émet le vœu qu'il soit dressé une carte botanique de l'Algérie, car la colonie a des régions parfaitement caractérisées, celle de l'alfa, du dattier, du palmier nain, de l'asphodèle, de l'olivier, des essences forestières, etc.

Cette proposition a reçu l'approbation de la Société.

L'auteur fait hommage d'une note de météorologie dynamique rédigée en collaboration avec M. H. Tarry.

Il annonce en même temps que le service météorologique de l'Algérie, dont il centralise les travaux, possède d'excellentes observations tri-horaires, assez nombreuses pour permettre de déterminer exactement les altitudes. L'auteur en a publié plus tard les résultats dans le Bulletin météorologique du *Mobacher* (nos de septembre 1875) (Voir un précédent article).

Séance du 21 août.

Présentation d'une traduction de la Préface de l'Ouvrage de M. Newcomb sur le Mouvement de la planète Uranus. (Traduction insérée au *Bulletin*).

Lecture d'une note sur les bolides observés récemment dans la province d'Oran. (Ce travail a été inséré au *Bulletin*).

L'auteur propose et obtient de publier dans le *Bulletin* de la Société sa traduction d'un très intéressant Mémoire de M. Buchan sur les nivellements barométriques.

A l'occasion d'un perfectionnement au sismographe proposé par M. Bellanger, l'auteur exprime le vœu qu'un stylet mette en mouvement une horloge dès la première secousse, afin que l'on ait des indications exactes sur l'heure de sa production.

Il revient ensuite sur sa proposition d'établir une *Carte des régions botaniques* de l'Algérie. Une commission, composée de MM. Durando, Rivière, Mac-Carthy et Brocard est chargée d'étudier cette question.

Séance du 17 septembre.

L'auteur propose et obtient de faire un tirage exceptionnel de 25 exemplaires de sa traduction du Mémoire de M. Buchan sur les Nivellements barométriques, afin d'en pouvoir mettre à la disposition des voyageurs qui auraient à s'occuper de la détermination des altitudes.

Séance du 30 octobre.

L'auteur communique les instructions météorologiques des Observatoires d'Angleterre et des Etats-Unis, et fait remarquer que les instruments n'y sont point placés sous des abris tournants.

Séance du 27 novembre.

Communication d'une note de M. G. Pérez (d'Alger) sur la formation des carrés magiques comprenant un nombre impair quelconque de termes.

Séance du 15 décembre.

L'auteur donne lecture d'un article de la *Correspondance algérienne*, du 15 courant, résumant la situation du réseau météorologique algérien, et il appelle l'attention sur la Revue météorologique hebdomadaire qui y fait suite.

Il donne ensuite, au tableau, la description de la méthode graphique de M. G. Pérez pour la construction de certains carrés magiques impairs.

Séance du 22 décembre.

Lecture d'un mémoire de M. Chauvey sur la topographie et la climatologie de Sfax (Tunisie).

Communication d'une lettre de M. Lœwy, membre de l'Institut, annonçant que dans la séance du 6 décembre, il a présenté à l'Académie des Sciences les divers fascicules de la publication arabe-française de M. Brocard, intitulée « *Notions d'Astronomie populaire* » et insérée dans le journal officiel de l'Algérie, le *Mobacher*. Cette publication a été faite dans des termes élogieux de la part de M. Lœwy. (Voir le Chapitre VII de la 1re Partie.)

La Société émet le vœu que ces « Notions d'Astronomie populaire » soient rééditées à l'usage des écoles primaires algériennes et des médersas.

ANNÉE 1876.

Séance du 10 janvier.

Renouvellement du Bureau pour 1876.

L'auteur est nommé secrétaire archiviste.

Séance du 11 février.

Présentation d'une traduction du mémoire du Dr Vojeikof sur le Climat de l'Empire russe (Traduction insérée au *Bulletin*).

L'auteur rend compte d'une demande qu'il a faite, le 27 janvier, au nom de la Société, près de Mme Loche, directrice de l'Exposition algérienne, pour qu'elle voulût bien accepter dans le Musée public, des specimens de Baleinoptère que le local trop étroit de la Société climatologique ne lui permet pas de conserver. La Société remercie Mme Loche de l'empressement avec lequel elle a accepté ce dépôt. (La translation a été faite le 22 février.)

Séance du 14 mars.

L'auteur présente :

1° De la part de M. G. Pérez, un morceau d'aragonite des carrières de Bab-el-Oued ;

2° En son nom personnel, des échantillons de calcaire dendritique de Géryville et de calcaire du cap Matifou, pour l'examen des phénomènes éruptifs ;

3° Enfin, des documents météorologiques, Bulletins, Carte du réseau algérien, Rapports, Revue du temps de Washington, etc.

Séance du 1er avril.

L'auteur dépose le manuscrit complété de la *Topographie de Sfax*, avec carte et plan, par M. Chauvey.

Il annonce également que M. Bellanger a modifié son premier projet de sismographe et en présentera prochainement un dessin.

Séance du 22 mai.

L'auteur transmet, de la part de M. H. Tarry, un très beau specimen de vipère cornue, et de la part de M. G. Pérez, un échantillon d'aragonite des carrières de Bab-el-Oued.

Séance du 1er juin.

L'auteur dépose les carte et plan de Sfax et donne lecture d'une note de M. H. Tarry sur la vulgarisation des observations météorologiques par la presse.

Séance du 22 juin.

L'auteur donne lecture d'un travail de M. H. Tarry sur l'historique des carrés magiques.

ARTICLES DE FONDS.

En dehors de ces communications et ainsi qu'il a été mentionné aux procès-verbaux, le Comité de publication du Bulletin de la Société de climatologie a décidé l'insertion des Mémoires et Notices de l'auteur sur les sujets ci-après indiqués, et antérieurement parus au *Journal officiel* de l'Algérie, le *Mobacher* :

1° Newcomb. *Théorie du mouvement de la planète Uranus.* (Traduction). 6 pages in 8°.

2° Buchan. — *Note sur les nivellements barométriques.* (Traduction). 14 pages in-8°.

3° Vojeikof. — *Le climat de l'empire russe.* (Traduction). 61 pages in-8°.

XI

EXPOSITION GÉNÉRALE
de la
SOCIÉTÉ D'AGRICULTURE D'ALGER
EN 1876

La Société d'Agriculture d'Alger a pris l'initiative d'une Exposition générale et d'un Concours agricole et horticole, destinés à grouper les produits de l'agriculture algérienne en 1876.

L'Exposition a été aménagée sur le terrain de l'hippodrome de Mustapha et inaugurée le 20 avril 1876, et la proclamation des lauréats a eu lieu le 6 mai.

L'auteur a été nommé membre du jury des récompenses aux exposants (section des machines agricoles) à la date du 8 avril. Le jury, présidé par M. Ville, ingénieur en chef des mines, a consacré les journées des 27, 28, 29 avril, 2 et 3 mai à ses opérations, mais une mention particulière doit être faite ici d'une coopération plus active de l'auteur à cette Exposition.

L'invasion des sauterelles en 1874 avait fait l'objet d'un mémoire détaillé qu'il avait présenté à l'Académie des Sciences le 25 janvier 1875. La grande publicité donnée à cette note, soit par les *Comptes rendus*, soit par la Société météorologique de France, soit par les chroniques scientifiques de différents journaux, avait suggéré à M. Morvan, ancien médecin de la marine, à Douarnenez, et à M. Delasalle, ancien officier de la marine, à Paris, tous deux bien au courant des besoins de l'industrie des pêches maritimes, l'idée de substituer à la rogue de Norvège, employée pour la pêche de la sardine, un nouvel appât formé de sauterelles d'Algérie apprêtées avec du sel.

Le prix de la rogue (frai de morue), qui était en 1865 de 0 fr. 40 le KG, avait atteint en 1875, 1 fr. à 1 fr. 10 et à ce moment la France était tributaire à la Norvège de 5 à 6000000 de francs tous les ans.

Le projet de détruire ce monopole et de faire concurrence à ce commerce ne pouvait avoir qu'un heureux résultat sur le prix de vente. L'auteur fut donc sollicité à s'occuper de cette question et il échangea avec M. Morvan à dater du 27 février 1875 et avec M. Delasalle à dater du 1er février 1876 une correspondance active qui eut pour objet de préparer les essais du nouvel appât-sauterelles pour la pêche de la sardine. Le compte rendu de ces essais se trouve dans la monographie de l'invasion des sauterelles en 1875, et, avec différents autres documents, dans les communications de l'auteur au journal officiel de l'Algérie, le *Mobacher* :

1° Les Sauterelles employées comme appât pour la pêche (15 mai 1875).

2° Les Sauterelles. (Complément à l'article du 15 mai, et extrait d'un article de la *Correspondance générale algérienne*.) (29 mai).

3° Les Sauterelles employées comme appât pour la pêche de la sardine. (Indication des moyens de préparation du nouvel appât. Annonce des premiers essais.) (12 août).

4° Les Sauterelles employées comme appât pour la pêche de la sardine (compte-rendu des premières expériences du 17 août) (9 septembre).

5° Les Sauterelles d'Afrique employées comme appât pour la pêche de la sardine (compte-rendu de nouvelles expériences du 6 octobre) (20 octobre).

La presse algérienne a fait de son côté un accueil très favorable aux essais de l'appât-sauterelles.

Lors de l'annonce de l'Exposition et du Concours agricole d'Alger, MM. Morvan et Delasalle décidèrent de demander leur admission à titre d'exposants. L'auteur chargé de les représenter à Alger, se mit en rapport avec le Comité d'organisation délégué de la Société d'Agriculture, le 15 février 1876, et adressa une demande écrite le 25 février, à l'effet d'être autorisé à installer les produits destinés à figurer à l'Exposition industrielle. Après avoir choisi l'emplacement nécessaire, il fit préparer et apposer des affiches explicatives dont quelques-unes, traduites en arabe, destinées à initier le public au but poursuivi.

Les vaillants promoteurs de cette idée ont eu la satisfaction de voir réussir leur exposition. Le jury les a honorés d'une *médaille d'or*, la plus haute récompense décernée dans la section.

Enfin, il n'est pas inutile d'ajouter que les efforts des inventeurs et de leur représentant en Algérie ont eu pour résultat immédiat de faire bénéficier les populations maritimes de la Bretagne d'une réduction dans le prix d'acquisition de la rogue, qui s'est chiffrée pour la période de 1875 à 1877 à plusieurs centaines de mille francs, comme on peut le constater d'après les Rapports officiels sur la Statistique des pêches maritimes.

Il eût été vivement à désirer que ces expériences fussent reprises et continuées.

XII

CONCOURS AGRICOLE

et

EXPOSITION INDUSTRIELLE, SCOLAIRE ET ARTISTIQUE

D'ALGER, EN 1881

Les différentes expositions agricoles et industrielles dont il est question ont été organisées, comme d'habitude, sur le terrain de l'hippodrome de Mustapha, près d'Alger.

La seule participation de l'auteur a consisté dans l'installation des documents destinés à faire connaître les travaux du Service météorologique du Gouvernement Général de l'Algérie, au moment où allait se réunir le Congrès de l'Association Française pour l'avancement des Sciences. C'était, d'ailleurs, à l'occasion de cette réunion que les expositions précitées avaient été décidées et organisées.

L'inauguration du Concours agricole et des autres expositions a eu lieu le 4 avril.

L'exposition météorologique occupait un emplacement très favorable et comprenait, entre autres objets, notamment les suivants :

1° De grandes cartes murales figurant :

I° Les stations du réseau africain (Algérie et Tunisie),

II° Le réseau météorologique international d'Europe et du nord de l'Afrique,

III° La répartition des pluies en Algérie.

2° Une collection du Bulletin mensuel algérien, d'imprimés de bulletins météorologiques, d'instructions aux observateurs, de bulletins météorologiques quotidiens (avec carte d'Europe), d'imprimés pour télégrammes, etc.

3° Une collection de tous les instruments en usage dans les stations du réseau pour l'observation et la mesure de la pression, de la température, de l'état hygrométrique, de l'évaporation, de la pluie, de l'ozone, etc.

4° Une collection de modèles, à échelle réduite, des abris pour thermomètres (abri Montsouris, abri modifié, abri démontable, etc.).

5° Les tableaux de la statistique des pluies annuelles à Alger, Oran, Constantine, Philippeville et Tlemcen depuis l'occupation française.

6° La collection des courbes tracées par le baromètre enregistreur Redier, à Alger, depuis le 1er août 1880. Cette collection était la première de ce genre en Algérie et en Afrique.

7° Un baromètre démontable, destiné aux observations en région saharienne. Cet instrument a fait l'objet d'une communication de l'auteur au congrès d'Alger, le 18 avril.

8° Diverses notices météorologiques.

9° Plusieurs monographies d'invasions de sauterelles en Algérie.

10° Des specimens des bulletins météorologiques quotidiens ou mensuels publiés à Londres, à Vienne, à Bruxelles, à Washington, etc.

11° Des bulletins d'observations simultanées, imprimés à Washington.

12° Les diverses pièces d'un abri démontable, du type Montsouris, dont l'auteur avait imaginé la disposition et surveillé la construction. Cet abri a servi à l'installation et à l'observation des thermomètres pendant le voyage d'exploration de la mission transsaharienne, dirigée par M. Choisy, du 17 janvier au 16 avril 1880.

La description de cet abri a été donnée par M. G. Rolland dans l'*Annuaire de la Société météorologique de France* (t. XXIX, 1881, pp. 104-121).

13° Une collection de journaux de bord, rédigés par les capitaines de la Compagnie générale Transatlantique, et relatant les observations météorologiques recueillies durant les traversées de la Méditerranée entre la France et l'Algérie.

14° Des tableaux graphiques des maxima et minima de température pour une année à Alger, Orléansville, Sétif, Sidi-bel-Abbès et Tunis.

15° Le diplôme de la médaille d'or obtenue par le service météorologique à l'Exposition universelle de 1878 (Pavillon du Trocadero, Paris).

Rien, comme on le voit, n'a été négligé pour rendre cette nouvelle installation digne de l'attention des visiteurs. C'est d'ailleurs ce que la décision du jury des récompenses a ratifié quelques jours après, en décernant au Service météorologique un *Diplôme d'honneur* (24 avril 1881).

XIII

ASSOCIATION FRANÇAISE POUR L'AVANCEMENT DES SCIENCES

10e session. Congrès d'Alger. (14-19 avril 1881).

L'Association française pour l'avancement des sciences, fondée en 1872, entrait en 1881 dans sa dixième année d'existence. Elle avait décidé de tenir à Alger, en 1881, sa réunion annuelle. De son côté, l'auteur avait obtenu de retourner à Alger et d'y être employé à la centralisation du service météorologique. C'est donc en cette qualité qu'il a été nommé membre du comité local d'organisation du Congrès, dès le 22 juin 1880, puis membre de la commission des constructions du concours agricole, préparé à la même occasion, le 4 janvier 1881, et enfin délégué et représentant du service météorologique du Gouvernement général de l'Algérie à l'exposition industrielle, à l'exposition du concours agricole et aux séances de la 7e section du Congrès de l'Association française (Météorologie et Physique du globe) ainsi que des 3e et 4e sections (Navigation, Génie civil et militaire), et de la 14e section (Géographie) et de faire, en son nom personnel, une importante communication aux 1re et 2e sections (Mathématiques, Astronomie, Géodésie et Mécanique).

A l'énumération des travaux présentés en séances de sections, et dont le résumé est donné d'autre part, il convient d'ajouter les Notices que l'Association a coutume de faire paraître dans la ville où elle tient sa réunion et qui sont relatives à la région qu'elle doit visiter.

A l'époque du Congrès d'Alger, elle a ainsi publié un volume in-8°, intitulé : *Notices scientifiques, historiques et économiques sur l'Alger et l'Algérie*. 1881. (416 pages).

L'auteur a fourni, non signé il est vrai, le texte de la Notice météorologique insérée, pages 17 à 32, et dont voici les principales subdivisions :

Généralités. I. Pression barométrique. II. Températures. III. Etat hygrométrique. IV. Régime du vent. V. Siroco. VI. Electricité et magnétisme. VII. Régime de la pluie. VIII. Evaporation. IX. Fonctionnement actuel du Service météorologique.

Dans un autre chapitre du volume, relatif à la Topographie médicale algérienne (pp. 329-351), M. le Dr E. Landowski appréciait en ces termes les renseignements de la précédente notice :

« Les savants collaborateurs de ce recueil, MM. Mac-Carthy et le capitaine Brocard, ont traité la question de géographie et de météorologie algérienne avec une telle compétence et connaissance du sujet qu'il est facile, d'après leurs indications, d'avoir une idée exacte de la climatologie algérienne à tous les points de vue. » (p. 329).

Enfin, quelques pages plus loin, dans la notice relative à l'observatoire d'Alger, par M. Trépied (pp. 391-397), on trouve, (p. 397) les conclusions suivantes :

« Restent la météorologie et le magnétisme terrestre. Ces deux branches exigent un personnel spécial. On l'obtiendrait certainement de la manière la plus simple et la plus avantageuse en rattachant à l'Observatoire le Service météorologique du Gouvernement général. Ce service, reconstitué il y a quelques années par le regretté Ch. Sainte-Claire Deville, est resté confié au Génie militaire et placé sous la direction du général commandant supérieur du Génie en Algérie. Par son organisation excellente, par le choix heureux et le nombre de ses stations, il rend de très grands services à la Colonie. Si sa réunion à l'Observatoire devait le priver de son personnel exercé, il vaudrait certes mieux que cette réunion n'eût point lieu ; mais si le rattachement est possible, en gardant le précieux, l'indispensable concours des observateurs actuels, il ne faudra point hésiter à le demander dès que le nouvel Observatoire aura son existence assurée. Ainsi sera constitué définitivement un groupe scientifique important, tout à fait digne de la haute pensée qui vient de créer l'enseignement supérieur en Algérie. »

Communications insérées dans l'Annuaire de 1881.

Séance du 15 Avril.

Le Service météorologique du Gouvernement général de l'Algérie. 420-424.

Résumé historique de l'organisation du réseau météorologique. Nomenclature des stations, alors au nombre de 48.

Le tableau des stations du réseau africain au 15 avril 1881 a été publié dans les nos 1989 à 1991 (1er-3 mai 1881) du Bulletin météorologique du Gouvernement général de l'Algérie.

Depuis sa fondation en 1874, le service météorologique avait pris une extension continuelle ; il avait, entre autres, figuré à l'Exposition universelle de Paris en 1878 et obtenu une médaille d'or, la plus haute récompense décernée dans la section.

Le Bulletin météorologique du Gouvernement Général de l'Algérie. 424-428.

Exposé des phases principales du développement donné à ce Bulletin et des transformations et améliorations qui lui ont été successivement apportées.

Le Bulletin quotidien a été publié du 8 avril 1875 au 29 décembre 1877 (829 numéros).

Le Bulletin quotidien, avec cartes du temps, rappelant par ses dispositions le Bulletin international de Paris, a commencé le 8 avril 1877. Un cadre spécial, resté disponible et réservé à une sorte de feuilleton, a été utilisé dans chacun des numéros pour l'insertion de différentes nouvelles scientifiques intéressant la météorologie algérienne (résumés climatologiques mensuels, dépêches en retard, moyennes diverses, études rétrospectives, etc.). La communication ci-dessus, notamment, a été insérée aux nos 2022 à 2035 (3-16 juin 1881).

Remarques sur le climat de l'Algérie. 429-432.

Indications de quelques questions soumises à l'attention des météorologistes, sur les tempêtes africaines, la production du siroco, les bourrasques de sable, etc.

Séance du 18 Avril.

Premiers tracés de baromètre enregistreur à Alger. 472-474.

Un baromètre enregistreur, à mercure, système Redier, du modèle décrit dans l'Annuaire du Congrès de Clermont-Ferrand (1876) ou dans l'Annuaire de la Société météorologique de France pour 1875, (t. XXIII, pp. 64-67), a été mis en observation à Alger en 1880. Cet instrument, propriété de l'auteur, est le premier enregistreur météorologique qui ait été installé en Algérie et en Afrique.

La série des courbes tracées comprend la période du 1er août 1880 au 31 mars 1882.

Cette collection a été remise au Bureau central météorologique à Paris.

Les huit premiers mois de ces courbes ont été présentés à la Section de Météorologie de l'Association.

Sur la possibilité de suppléer au baromètre Fortin pour les reconnaissances en région Saharienne. 474-476.

Présentation d'un instrument destiné à répéter l'expérience de Torricelli, afin de remplacer, par une hauteur de mercure, l'indication toujours incertaine d'un baromètre anéroïde.

Plusieurs tentatives ont été faites dans le même ordre d'idées par d'autres météorologistes ; l'auteur a pensé qu'il serait intéressant d'y revenir. Aussi, dès le mois d'octobre 1880, il a fait construire chez M. Wacquez, fondeur à l'Agha, un instrument d'expérience, en même temps qu'il a imaginé un moyen de mesure qui dispense de l'emploi du vernier.

Carte des pluies en Algérie. 476-478, 1 carte.

Cette carte est la première qui ait été dressée pour utiliser, sous cette forme, les données statistiques des observations pluviométriques centralisées depuis leur institution à partir de 1837 en divers points de l'Algérie.

Le spécimen joint à la Notice de l'Annuaire est une réduction de la carte au $\frac{1}{800\,000}$ième, qui a figuré à l'Exposition industrielle d'Alger, pendant la session du Congrès, et qui avait fixé particulièrement l'attention.

D'autres éditions de cette carte ont suivi à quelques années d'intervalle par les soins du Service météorologique.

AUTRES COMMUNICATIONS.

L'auteur a été amené à faire d'autres communications au Congrès d'Alger. Celle qu'il a présentée à la Section de Mathématiques (*séance du 16 avril*) a été résumée dans la Ire Partie de cette Notice, ch. IX, p. 33 ; mais il lui reste à signaler ici la suivante :

Présentation et communication, au nom du service du Génie, d'une Notice sur les plantations exécutées autour d'Alger par le service du Génie militaire. 297-300 (*Séance du 19 avril*).

Cette communication a été suivie d'une intéressante discussion à laquelle ont pris part plusieurs membres des 3e et 4e sections (Génie civil et militaire) devant lesquelles il avait été chargé de l'exposer.

PROPOSITION PARTICULIÈRE.

Le Congrès d'Alger est le seul auquel ait assisté l'auteur, mais il a pris part, dans la suite, à celui de Rouen (année 1883).

Depuis cette époque, il n'a plus eu l'occasion d'adresser de travaux personnels, mais il a pris, à la date du 7 août 1892, l'initiative d'une proposition agréée par le Conseil d'Administration de l'Association, celle de décider la frappe d'une certaine quantité de médailles de l'Association, du module de 45 millimètres, en aluminium. En conformité de cette décision, quelques exemplaires de la nouvelle médaille ont été mis en vente, mais il a fallu en arrêter bientôt la fabrication, à cause du peu de malléabilité de l'aluminium. Le prix de vente de ces nouvelles médailles, primitivement fixé à 5 francs, a été porté à 25 francs pour les derniers exemplaires fabriqués, disponibles au 30 juin 1893. Le nombre total de ces médailles a été de 30 seulement.

XIV

CONFÉRENCE

A LA

RÉUNION DES OFFICIERS D'ALGER

le 2 mars 1881.

Organisation actuelle du Service météorologique en Europe.

A l'occasion de la session du Congrès de l'Association française à Alger, qui devait avoir lieu en avril 1881, l'auteur a été invité par la Commission des conférences militaires à faire choix, dans le domaine de ses études habituelles, d'un sujet scientifique à exposer dans une conférence à la Réunion des Officiers d'Alger. Il a adopté pour sujet l'Organisation du Service météorologique en Europe en l'année 1881.

Le texte de cette conférence a été rédigé ultérieurement et publié dans le Tome I (1881) du *Bulletin de l'Association scientifique algérienne*, récemment fondée.

Il a été également inséré parmi les documents publiés par le Service météorologique du Gouvernement général de l'Algérie, et distribué à tous les observateurs du réseau météorologique et à tous les correspondants du Service.

Le lecteur voudra bien s'y reporter.

Voici d'ailleurs un résumé des principales subdivisions de cet exposé.

Considérations générales. — France. — Institution du Service par Le Verrier. — Portugal. — Espagne. — Iles-Britanniques. Publications de M. Robert H. Scott. — Belgique. — Hollande. — Suisse. — Italie. — Pays du Nord : Suède, Norvège, Danemark. — Allemagne. — Bavière. — Autriche-Hongrie. — Russie. — Grèce. — Turquie. — Conclusions.

Le texte de ladite conférence a été reproduit dans le *Bulletin météorologique du Gouvernement général de l'Algérie* (nos 2164 à 2215, du 23 octobre au 13 décembre 1881).

XV

LES MONDES

Revue hebdomadaire des Sciences et de leurs applications aux arts et à l'industrie, par M. l'abbé Moigno.

2e série, années 1876 à 1880.

L'auteur donne ci-après le détail des divers articles qu'il a publiés de 1876 à 1879 dans ce Bulletin scientifique, et ayant trait à la Météorologie.

COMPTE RENDU BIBLIOGRAPHIQUE

ROBERT H. SCOTT. — **Cartes du Temps et Avertissements de Tempêtes. 1879.**

XLVIII, 1879, 721-727.

Esquisse bibliographique de la traduction de l'ouvrage de M. Robert H. Scott, secrétaire du bureau météorologique de Londres, faite par les soins de MM. Zurcher et Margollé.

L'auteur du présent compte rendu a profité de la publication de cet article pour annoncer la prochaine publication de la traduction des Mémoires de Météorologie dynamique de M. E. Loomis.

ARTICLE DE FONDS

Note sur les travaux et publications du Service météorologique aux Etats-Unis.

XLIII, 1877. 248-257, 437-446.

L'idée de cette notice a été inspirée par la proposition de M. l'abbé Moigno, de traduire et de publier, dans sa collection d'*Actualités scientifiques*, les premiers Mémoires de Météorologie dynamique présentés par M. E. Loomis à l'Académie nationale des sciences de Philadelphie et de Washington durant les années 1874, 1875 et 1876.

Principales subdivisions de ce travail :

Réseau d'observatoires météorologiques aux Etats-Unis. Rédaction des télégrammes météorologiques triquotidiens. Cartes du temps. Bulletin journalier. Annuaire. Revue mensuelle du temps. Bulletin international d'observations simultanées. Carte internationale de l'hémisphère boréal.

CORRESPONDANCE

Invasion des sauterelles en Algérie (janvier-août 1877).

XLVIII, 1879. 309-310.

Extrait d'une lettre. L'auteur annonce son désir de retourner en Algérie

XVI

SOCIÉTÉ DE STATISTIQUE

DES SCIENCES NATURELLES ET DES ARTS INDUSTRIELS

DU DÉPARTEMENT DE L'ISÈRE

Fondée en 1838.

L'auteur, membre titulaire le 22 janvier 1877, puis correspondant de 1879 à 1888, a été nommé président de la Société de statistique de l'Isère, le 13 février 1888.

Il fait connaître, ci-après, les travaux qu'il a publiés au *Bulletin* de cette Société, ainsi que les sujets de ses autres communications mentionnées aux procès-verbaux des séances.

BULLETIN DE LA SOCIÉTÉ DE STATISTIQUE DE L'ISÈRE.

3e Série.

Tome VIII (XIXe de la collection) 1879

Essai sur la Météorologie de Kepler (360-400)

Première partie d'une étude spéciale, présentée les 18 novembre et 16 décembre 1878.

Principales subdivisions :

Origine de tous les Météores. — Des rapports de la Météorologie avec les autres sciences. — Modification de la Météorologie ancienne. — Caractères des Saisons selon les climats. — Des quatre Saisons. — Bulletins d'observations. — De la Neige. — Effets de la Foudre. — Du Tonnerre. — Arc-en-ciel. — Halos, Parhélies, Parasélènes. — Aérologie. — Prédiction des Vents. — Désignation des Vents. — Hauteur des Nuages. — Chutes de pierres. — Météores extraordinaires. — Brouillards extraordinaires. — Pluies extraordinaires. — Offuscations du Soleil.

Tome X (XXIe de la collection) 1880

Essai sur la Météorologie de Kepler (281-306)

Suite de l'étude ci-dessus.— Cette deuxième partie a été présentée le 11 février 1880 par M. Collet.

Principales subdivisions :

Influences des aspects des corps célestes sur les Météores. — Zones terrestres et Climats correspondants. — Des effets de la réfraction atmosphérique sur la visibilité des étoiles. — Pesanteur, réfractions et autres

propriétés de l'air atmosphérique. — Hauteur de l'atmosphère ; son influence sur les orages. — Prédiction des vents. — Explication de l'arc-en-ciel. — Des halos, parhélies et parasélènes. — Offuscations du Soleil. — Météores extraordinaires. — Bulletins d'observations.

Météorologie de Werner et de Tycho-Brahe (307-313).

Note additionnelle aux mémoires précités, et envoyée avec la seconde partie.

L'importance de cette monographie, pour l'histoire de la Physique et de la Météorologie, a été particulièrement appréciée dans la partie de Kepler. M. S. Günther en a exposé les résultats essentiels dans le *Kosmos* publié à Leipzig (3e année, 1881, p. 471-472 et 478-479). Le même auteur les a cités dans d'autres de ses travaux, notamment dans la *Biographie de Kepler* (Altenburg, 1882, p. 15), dans le compte-rendu de l'ouvrage de M. G. Hellmann : *Répertoire de Météorologie allemande*, 1883, dans la 2e édition de son Mémoire : *De l'influence des corps célestes sur les variations du temps* (Nuremberg, 1884, pp. 3 et 50), et dans son grand ouvrage de *Géophysique* (Stuttgart, t. I, 1884, pp. 14 et 32, et t. II, 1885. Préface et pp. 67 et 89) etc., mais une preuve plus significative en a encore été donnée par ce savant commentateur, dans l'étude qu'il a publiée, quelque temps après, sur *Kepler et le Magnétisme terrestre et universel* (*Geogr. Abhandlungen*. Wien. t. III, 1888, pp. 245-315). Dans la courte préface de cette œuvre toute d'érudition (avril 1888) M. S. Günther fait observer qu'après une étude de la Météorologie de Kepler, l'influence de cet illustre astronome sur une autre partie de la Physique du Globe méritait d'être mise en relief avec une précision non moins concluante.

En dehors des Mémoires publiés dans le *Bulletin* précité, l'auteur a fait à la Société de Statistique diverses communications dont il n'a été donné qu'un résumé dans le procès-verbal des Séances.

Voici les principales de ces communications.

Communications diverses

Année 1877

Séance du 19 février.

L'auteur offre à la Société d'analyser dans le *Bulletin des Sciences mathématiques et astronomiques* les mémoires de mathématiques contenus dans les derniers volumes de l'Annuaire de la Société.

Cette offre est accueillie avec reconnaissance (Voir la 1re Partie de cette Notice, pp. 12 et 16).

Année 1878

Séance du 18 novembre.

Lecture de la première partie d'un travail sur la Météorologie de Kepler (Voir ci-dessus).

Séance du 16 décembre.

Achèvement de la lecture du Mémoire sur la Météorologie de Kepler (Voir le Compte rendu ci-dessus).

ANNÉE 1879

Séance du 28 avril.

Communication de quelques extraits d'un intéressant et curieux Essai historique sur le développement de la Géographie mathématique et physique, dû à M. S. Günther.

Le compte rendu relaté ici se rapporte à celui que l'auteur a publié au *Bulletin des Sciences mathématiques* t. XIII, 1878, pp. 410-437 et 437-452 (Voir cette Notice 1re Partie, p. 13).

Séance du 7 juillet.

Complément à une communication du 17 février de M. H. Breton relative aux déformations d'une balle de fusil contre une cible fixe en tôle épaisse.

Lecture d'une note sur la récente découverte des deux satellites de Mars. Rappel d'une curieuse assertion de Voltaire qui a été signalée, à propos de la présente communication, dans un article de M. S. Günther publié au *Kosmos*, t. III, 1879, p. 55.

ANNÉE 1880

Séance du 11 février.

Lecture, par M. Collet, de la seconde partie de la Météorologie de Kepler. (Voir ci-dessus pp. 40-41.)

ANNÉE 1888

Séance du 13 février.

Renouvellement du Bureau. L'auteur est nommé président pour l'année 1888.

Séance du 5 mars.

L'auteur remercie la Société de l'honneur qu'elle lui a fait en l'élevant à la présidence et il rappelle que la Société comptera, en 1888, cinquante ans d'existence et qu'il serait utile qu'un aperçu historique de ses travaux fût présenté à l'occasion du 50e anniversaire de sa création.

Il communique ensuite un travail de M. S. Günther sur la Météorologie géographique et annonce son intention d'analyser ce Mémoire dans une prochaine séance.

Séance du 26 mars.

Notice sur la biographie et les travaux mathématiques de M. Latars.

Compte rendu de la note précitée de M. S. Günther ainsi que d'un ouvrage de M. Van Bebber sur la Répartition des pluies en Allemagne (1877).

Séance du 2 juillet.

Communication de renseignements sur l'invasion des sauterelles en Algérie en 1888 et sur d'autres invasions antérieures.

XVII

TRADUCTIONS DE NOTICES MÉTÉOROLOGIQUES

Notices publiées séparément

Alex. Buchan. — **Note sur les nivellements barométriques** (1875, 16 p. in-8°).

Etude extraite des *Mémoires de la Société royale d'Edimbourg* (1868-1869).

Cette traduction a été publiée au *Journal officiel* de l'Algérie, le *Mobacher* et insérée au *Bulletin* de la Société de Climatologie algérienne.

Principales subdivisions de la Notice :

Conditions d'exactitude des nivellements barométriques. Altitude du Lac Balkach en Sibérie. Altitude de la Mer Morte. Altitude de l'Afrique centrale. Altitude des grands Lacs de l'Afrique. Conditions du nivellement barométrique dans les climats tempérés.

Nécessité de détailler tous les phénomènes.

Observations complémentaires à demander aux voyageurs.

Note du traducteur.

Vojéikof. — **Le Climat de l'Empire russe** (1875. 63 p. in-8°).

Etude extraite du *Rapport annuel de l'Institution Smithsonienne de Washington* (année 1872).

Cette traduction a également paru au *Journal officiel* de l'Algérie, le *Mobacher* et au *Bulletin* de la Société de Climatologie algérienne.

Principales subdivisions du Mémoire :

Aperçu historique succinct des premières études météorologiques en Russie.

Le climat de la Russie, par M. Vesselovsky. Perfectionnements apportés à l'organisation météorologique et aux publications. Rôle de la Société de Géographie.

Etude détaillée du climat de la Russie. Observations thermométriques. Observations barométriques. Régime des vents. Observations relatives à la nébulosité.

Régime des pluies. Observations relatives à la congélation et au dégel des rivières. Conclusion. Documents consultés.

En divers endroits du texte, le traducteur a cru devoir ajouter, en note, quelques indications, la plupart bibliographiques.

Un paragraphe de cette Notice, relatif aux températures, a été

inséré au n° 61 du 1er mars 1876 du *Bulletin International de l'Observatoire de Paris.*

Elle a été présentée et signalée à l'Académie des Sciences par M. Dumas (séance du 14 février 1876). (*Comptes rendus*, t. 82, p. 411.)

Enfin, elle a été analysée dans le journal *la Science pour tous*, par M. G. Bresson (t. XXI, 1876, p. 162-163).

OUVRAGE DISTINCT

ELIAS LOOMIS. — **Mémoires de Météorologie dynamique.** (*Actualités scientifiques*, publiées par M. l'abbé Moigno. 2e série, n° 50). Paris, 1880.

Sur la proposition de M. l'abbé Moigno, l'auteur a entrepris la traduction des neuf premiers Mémoires, publiés par M. Loomis, et contenant l'exposé des résultats de la discussion des Cartes du temps des Etats-Unis, de 1872 à 1874, ainsi que d'autres documents publiés en Amérique ou en Europe.

Voici les résumés des Mémoires composant ce volume :

1er Mémoire. Influences de la pluie et du vent sur la marche des Tempêtes.

2e Mémoire. Observations sur les zones de haute pression.

3e Mémoire. Direction et vitesse moyenne des Tempêtes.

4e Mémoire. Mouvement des zones de hautes pressions. Oscillation du baromètre à diverses latitudes.

5e Mémoire. Période de froid en décembre 1872. Observations diverses relatives au mouvement des Tempêtes.

6e Mémoire. Période de chaleur extraordinaire en juin 1873. Zones de pluie.

7e Mémoire Forme, dimension, mouvement, distribution, etc., des zones de pluie.

8e Mémoire. Origine et développement des Tempêtes.

9e Mémoire. Basse pression à Portland et à San-Francisco. Zones de haute pression.

Le premier de ces Mémoires avait été présenté à l'Académie nationale des Sciences de Washington, le 24 avril 1874, et le neuvième, le 19 avril 1878.

Dans la suite, M. E. Loomis en présenta encore quatorze autres, et le 23e et dernier à la date du 8 novembre 1888.

Voir, à ce sujet, la Notice de M. H. A. Newton dans le *Smithsonian Report* de 1890, p. 741-762 (biographie de Loomis). 762-770 (liste de ses ouvrages).

XVIII

NOTICES ENCORE INÉDITES

Articles de fonds

Notions usuelles de Météorologie.

Sur la demande de l'éditeur d'une petite Encyclopédie scientifique populaire, l'auteur avait commencé, en décembre 1880, la rédaction de quelques chapitres destinés à un volume qui devait traiter de la Météorologie.

Le manuscrit, déjà étendu, mais incomplet, ne comprend que les paragraphes ci-après désignés :

Rapports de la Météorologie avec d'autres sciences : Botanique, Zoologie, Agriculture, Silviculture, Géologie, Astronomie, Hygiène et Médecine, Physique du Globe et Physique générale, Navigation, Travaux publics.

Principe de la Thermométrie. Histoire du Thermomètre.

Evaporation. Nuages ; mesure de leur hauteur. Nomenclature et formation des nuages.

Pluie. Hyétomètres.

Optique atmosphérique. Mirage. Arc-en-ciel. Halos.

Météorologie maritime. Lois des tempêtes. Variations extrêmes observées dans la pression. Pronostics et prévision du temps.

Notes diverses. Programme et résumés de chapitres en préparation.

Traductions

Alex. Buchan. — **Mémoire sur la pression moyenne de l'atmosphère et les vents dominants sur le globe, pour chaque mois et pour chaque année.**

Mémoire présenté à la *Société météorologique d'Ecosse* le 19 avril 1869.

Cette traduction d'une étude présentée il y a plus de 25 ans, ne paraît pas pouvoir être utilement analysée ici. Il suffit d'en rappeler le titre.

Elias Loomis. — **Mémoires de Météorologie dynamique.**

Traduction des 10e, 11e, 12e, 13e, 14e et 15e mémoires publiés par M. Loomis, de 1879 à 1881, pour faire suite à ceux du savant météo-

rologiste, publiés de 1874 à 1878, et dont l'auteur de ces lignes a donné la traduction mentionnée dans ce qui précède.

La mort de l'abbé Moigno, éditeur du premier volume, a entraîné l'ajournement de la suite de ces études. Il n'est pas possible de formuler, pour le moment, de prévision au sujet de la reprise éventuelle de ce travail.

Il suffira de signaler, parmi les questions traitées, les plus importantes que voici :

10e Mémoire. Tempêtes de l'Océan Atlantique. Cyclones des Antilles. Variations barométriques et forts vents à Mont Washington et à Pike's Peak.

11e Mémoire. Comparaison entre les régimes des vents au Mont Washington et près du niveau de la mer. Anomalies dans les trajectoires des Tempêtes.

12e Mémoire. Pression atmosphérique moyenne aux Etats-Unis aux différentes saisons de l'année. Comparaison des minima barométriques en Europe et en Amérique.

13e Mémoire. Grandes et subites variations de température. Minima barométriques traversant les Montagnes-Rocheuses.

14e Mémoire. Trajectoire et vitesse des centres des Tempêtes dans les régions tropicales. Tempêtes américaines s'avançant dans les directions SE, N, E. Ouragans du golfe du Bengale, etc. Tempêtes s'avançant vers l'Ouest.

15e Mémoire. Procédés employés pour réduire au niveau de la mer les observations barométriques faites dans les stations élevées. Altitudes des stations du *Signal Service*.

16e Mémoire. Moyenne de pluie annuelle pour diverses contrées du globe (tableau de 713 localités).

Elias Loomis, mort le 15 août 1889, âgé de 78 ans, avait publié à ce moment 23 mémoires de Météorologie dynamique. Il resterait donc 7 mémoires à traduire, et les 14 traductions à éditer donneraient la matière de 2 autres volumes. Le travail restant à faire n'est donc pas excessif, et l'auteur de ces lignes serait encore tout disposé à l'entreprendre. Cependant il estime que le concours d'un collaborateur lui serait très utile, si un éditeur se décidait à continuer cette publication qui rendrait un service apprécié des météorologistes.

Voici d'ailleurs, empruntés à la Notice de M. H. A. Newton (*loc. cit.*, pp. 741-770), les titres des sept derniers Mémoires restant à traduire :

17e Mémoire. Corrélation entre les zones de pluie et les zones de basse pression.

18° Mémoire. Pluie moyenne annuelle en diverses contrées du globe; corrélation entre les zones de pluie et les zones de basse pression.

19° Mémoire. Le gradient barométrique dans les grandes Tempêtes.

20° Mémoire. Réduction des observations barométriques au niveau de la mer.

21° Mémoire. Direction et vitesse de translation des zones de basse pression.

22° Mémoire. Zones de haute pression; leur étendue, leur direction et leur mouvement; corrélation entre les zones de haute pression et les zones de basse pression.

23° Mémoire. Corrélation entre les zones de pluie et les zones de haute et de basse pression.

S. Günther. — **Sur la Météorologie géographique.** (1879, 6 p. grand in-4°.)

Cette Notice, presque entièrement traduite, a été présentée à la séance du 5 mars 1888 de la Société de statistique de l'Isère. L'analyse en a été donnée, le 26 mars 1888, à propos du compte-rendu bibliographique, fait par M. Günther, d'un ouvrage de M. Van Bebber relatif à la répartition des pluies en Allemagne (1877).

Voir le *Bulletin* de la Société de statistique (3), XIV, 1889, pp. 233-234.

S. Günther. — **Le Baromètre lumineux. Épisode de l'Atomistique et de la Philosophie naturelle du XVIII° siècle.** (*Kosmos*, III, 188), pp. 278-291.)

Traduction d'un Mémoire extrêmement intéressant qui paraît être le plus documenté sur ce sujet, et où se trouvent exposées les recherches de divers expérimentateurs, la plupart cités déjà dans le Dictionnaire raisonné de Physique, de J. Brisson, Paris, an VIII, notamment J. Bernoulli, Homberg, Hauksbee, Hartsoëker, J. F. Weidler, M. Heusinger, de Mairan et Dufay, auxquels M. Günther ajoute Liebknecht, J. M. Barth, et un anonyme de Wittemberg, qu'il est d'ailleurs disposé à identifier avec Weidler.

S. Günther. — **Sur l'analogie de l'aurore boréale avec les météores.** (*Humboldt*, t. VII, 1888, 4 p. grand in-4°.)

Traduction, encore incomplète, d'une étude qui résume les récents travaux de Lemström, et dans laquelle il est fait allusion à un passage du Mémoire précédent, relatif au baromètre lumineux.

XIX

CONGRÈS MÉTÉOROLOGIQUES INTERNATIONAUX

En sa qualité de fonctionnaire militaire, l'auteur n'a pu prendre part personnellement à différents Congrès météorologiques ou climatologiques internationaux qui ont eu lieu en France ou à l'étranger depuis 1878. Il a tenu, toutefois, à y souscrire et à leur donner son adhésion, que l'on trouvera mentionnée aux Annuaires spéciaux de ces réunions.

Voici la liste des Congrès internationaux auxquels il s'est fait inscrire.

Congrès de Météorologie.

Congrès international de météorologie, tenu à Paris du 24 au 28 août 1878 (à l'occasion de l'Exposition universelle de 1878).

Congrès météorologique international, tenu à Paris du 19 au 26 septembre 1889 (à l'occasion de l'Exposition universelle de 1889).

Congrès d'Hydrologie et de Climatologie.

Premier Congrès international, tenu à Biarritz en 1886.

(Membre du comité local, à Montpellier, où une excursion avait été fixée pour le 18 octobre.)

Deuxième Congrès international, tenu à Paris en 1889.

(A l'occasion de l'Exposition universelle, comme le Congrès météorologique international.)

Troisième Congrès international, tenu à Rome en 1892.

(En conformité d'une décision prise dans une des séances du précédent Congrès.)

XX

MÉTÉOROLOGIE DE LA MEUSE

L'auteur a été nommé membre de la Commission météorologique de la Meuse par arrêté préfectoral en date du 6 mars 1894.

A la suite de cette nomination, il a collaboré activement à la rédaction et à la publication du Bulletin annuel de la Station météorologique de Bar-le-Duc, comprenant en outre la statistique des orages observés en différents points du département par les instituteurs communaux et par les agents du service forestier.

Voici les principaux sujets traités dans les Bulletins qu'il a publiés jusqu'à présent :

Météorologie de 1893

(décembre 1892 à novembre 1893).

4 Résumés trimestriels (ou par saisons) (sous forme de tableaux pour la Station météorologique de Bar-le-Duc).

1 Résumé général (pour l'année) (sous forme de tableau pour la Station météorologique de Bar-le-Duc).

Sommes et moyennes des observations faites à Bar-le-Duc : Pression barométrique à midi. — Température. — Nombre de jours de gelée. — Udométrie ou hyétométrie. — Vents. — Etat hygrométrique. — Nébulosité. — Corrélation des vents et des pluies.

Résultats généraux et discussion comparative des Bulletins d'observations météorologiques et de leur représentation graphique.

Statistique des orages dans la Meuse en 1893.

Les orages de 1893 dans la Meuse et leur corrélation avec la situation générale de l'Europe.

Remarques sur les orages observés à Seuzey.

En tout : 28 pages, grand in-8°.

Météorologie de 1894

(décembre 1893 à novembre 1894).

12 Résumés mensuels relatant les remarques générales sur les observations faites à Bar-le-Duc.

1 Résumé général (pour l'année) (sous forme de tableau pour la station météorologique de Bar-le-Duc).

Discussion comparative des époques des maxima et minima de la température et de la pression.

Eléments numériques du Climat de Bar-le-Duc.

Résumé d'observations spéciales de température dans le souterrain de Mauvages (janvier à avril 1894).

Statistique des orages dans la Meuse en 1894.

Les orages de 1894 dans la Meuse et leur corrélation avec la situation générale en Europe.

Remarques sur les orages observés dans différentes localités de la Meuse.

Baromètre enregistreur Redier de la station météorologique de Bar-le-Duc.

En tout, 34 pages, grand in-8°.

Les deux notices météorologiques dont il vient d'être question ont été tirées à part et distribuées à tous les observateurs du département.

Baromètre enregistreur de la station météorologique de Bar-le-Duc.

L'auteur a exposé (pp. 16 et 35, 3e Partie) les conditions dans lesquelles il a fait acquisition d'un baromètre enregistreur Redier, le premier qui ait été installé à Alger. Le 8 mai 1891, il en a fait don au Bureau central météorologique de France, et, à son retour à Bar-le-Duc, il a demandé et obtenu que cet instrument, demeuré disponible, fût confié à la Commission météorologique. Ce baromètre enregistreur a été mis en observation à Bar-le-Duc au mois d'octobre 1894.

XXI

ÉCONOMIE ET HYGIÈNE RURALE,

STATISTIQUE AGRICOLE, AGRONOMIE.

Les travaux de Météorologie qui pourraient être cités comme ayant trait à la Statistique agricole et à l'Agronomie, se trouvent exposés dans les §§ I, II, III, IV, VII et XII de cette Notice (3e Partie). Ils intéressent particulièrement la région de l'Algérie, mais il convient d'y ajouter l'indication de ceux qui se rapportent à d'autres subdivisions de l'Agriculture, à l'Economie et à l'Hygiène rurale, à l'Hydraulique agricole, aux Plantations, etc.

ECONOMIE RURALE

Articles de fonds, publiés dans le Journal *la Science pour tous.*

I. *De la possibilité de combattre rapidement les incendies.*
Tome XVIII, 1873, 293 (2 colonnes).

Indication de dispositions variées à adopter dans les constructions nouvelles ou déjà existantes, de manière à assurer l'efficacité des premiers secours contre l'incendie.

II. *Sauvetage des animaux en cas d'incendie.*
Tome XVIII, 1873, 362.

Rappel des mesures à prendre pour opérer rapidement le sauvetage des chevaux et d'autres animaux d'une écurie atteinte ou menacée par le feu.

III. *Perfectionnement des attelages habituellement employés.*
Tome XX, 1875, 76-77.

Utilité d'interposer du caoutchouc entre les tenons et les chaînons d'attache et dans d'autres pièces du harnachement.

HYGIÈNE RURALE

Rapport sur l'insalubrité attribuée à un barrage construit aux environs de Chéragas.

Sur la plainte de plusieurs habitants européens et indigènes de la Commune de Chéragas, le Conseil d'hygiène du département d'Alger a délégué, en juillet 1876, MM. les Docteurs Jaillard, Frison et E. Bertherand, avec mission de se prononcer sur les conditions d'insalubrité attri-

possibilité d'un barrage sur la rivière voisine de la localité (l'Oued-Abiod) pour assurer au nouveau centre l'eau nécessaire à l'alimentation et à la culture.

L'étude de cet avant-projet a été faite du 19 au 24 octobre 1872 et la délimitation des lots urbains, du 7 au 10 novembre.

Aménagement de sources en territoire indigène.

De 1871 à 1876, l'auteur a été employé aux travaux du Génie militaire en territoire indigène et en cette qualité il a eu à s'occuper à plusieurs reprises de l'aménagement des eaux de sources :

1° Dans le territoire parcouru en 1871 par la colonne expéditionnaire de la Kabylie orientale (sous les ordres de M. le général Saussier, du 18 mars au 7 novembre). A Bordj-bou-Arréridj notamment, il a procédé, en mars 1871, à la réfection partielle de la prise d'eau et de la canalisation engorgée par des racines, à la construction d'un barrage et d'abreuvoirs pour les animaux de la colonne, etc.

2° Dans le territoire des cercles de Biskra et de Batna (Oued-R'ir, Zibans, El-Outaïa, Biskra, Oumach, El-Kantara, les Tamarins, etc.).

3° Dans le territoire du cercle de Mila (Fedj-el-Arba, Fedj-Baïnen, Fedj-Fdoulès, Aïn-Nakhla, etc.).

Installation de la distribution d'eau de la ville de Biskra.

L'auteur a été chargé de l'installation de la distribution d'eau de la ville de Biskra en 1872. Ce travail a compris :

La pose d'une conduite en fonte, à joint Dussard.

L'installation de plusieurs bornes-fontaines à robinet-vanne et à robinet d'arrêt.

La construction d'une prise d'eau.

La construction de deux bassins.

La construction d'un abreuvoir.

Le nivellement des rues pour l'évacuation des eaux, etc.

PÉPINIÈRES ET PLANTATIONS

L'auteur a fait en 1872 les premiers semis et essais d'acclimatation de différentes variétés d'eucalyptus à Biskra. Il a dirigé les plantations faites sur les squares nouvellement organisés dans la même localité, au moment de l'installation de la distribution d'eau. Il a également coopéré aux plantations en terrain militaire et à l'entretien des pépinières dans plusieurs autres villes de l'Algérie, notamment à Batna, Alger, Dellys, Fort-National, Constantine, etc. Il a eu aussi l'occasion de recueillir des observations sur la question du déboisement en Algérie.

XXII

GÉOGRAPHIE COMMERCIALE

Membre correspondant de la Société de Géographie commerciale de Paris . . . . le 19 novembre 1875

Membre titulaire de la Section meusienne de la Société de Géographie de l'Est . . . . le 21 janvier 1894

Bibliothécaire de la Section meusienne . . le 8 mars 1894

Principales Explorations

ayant trait à la Géographie commerciale.

Explorations de la région de l'Oued-R'ir et du Chott-Melr'ir sur la route de Biskra à Tougourt.

Explorations de la région des Zibans, à l'ouest et au sud-ouest de Biskra (Oumach, El-Amri, Zaatcha, Doussen, etc.).

Voyages à diverses reprises, dans les trois provinces de l'Algérie, du littoral à Tébessa, M'raier, Laghouat, Géryville, El-Aricha, etc.

Ces excursions, faites pour la plupart à l'occasion du Service météorologique, ont procuré à l'auteur la connaissance complète de l'Algérie.

Il en a profité aussi pour réunir des observations et des documents sur la topographie, la statistique agricole, la géologie, etc., de l'Algérie, mais il ne lui sera probablement pas donné de les utiliser.

L'auteur a pris part, à titre de souscripteur et de correspondant, au Congrès international de Géographie commerciale tenu à Paris, du 23 au 30 septembre 1878.

Sa plus importante coopération à la Géographie est une étude spéciale publiée en 1877 et analysée ci-après.

Ses occupations habituelles ne lui ont point permis d'étudier d'autres questions de la même importance.

Les voici donc dans leur ordre chronologique :

Géographie générale

Modifications à apporter aux atlas.

Article paru au Journal *la Science pour tous*, t. XIX 1874, p. 54-55 (2 colonnes).

Observations sur les inconvénients de la diversité des échelles et des méthodes de représentation des cartes géographiques. Indication de quelques perfectionnements.

Géographie industrielle

Mme Hippolyte Meunier. — Le Docteur au Village. Entretiens familiers sur la Géographie industrielle de la France, avec cartes hors texte dessinées par J. Hansen.

Ouvrage couronné par la Société pour l'Instruction élémentaire.

Un volume in-8° de près de 300 pages, avec gravures dans le texte et 15 cartes gravées tirées en couleur.

Compte rendu bibliographique rédigé le 28 octobre 1875 et destiné à la Presse algérienne.

Cet article est demeuré inédit, l'auteur n'ayant pas insisté pour obtenir sa publication.

Lecture en a été faite à la *Société de Climatologie* d'Alger, que cette communication pouvait intéresser.

Géographie commerciale

Etude spéciale du projet de mer intérieure à rétablir en Algérie.

Publiée dans le Journal *les Mondes.*

Première série d'articles. — XLIII, 1877, 290-301, 355-363, 394-406, 447-454.

Addition, formant la deuxième série d'articles. — XLIII, 1877, 840-851 ; XLIV, 1877, 20-30.

La discussion à laquelle a donné lieu la question de l'établissement d'un lac de quelques milliers de kilomètres carrés, dans la dépression saharienne située au Sud de l'Algérie, est aujourd'hui justement oubliée, après avoir cependant occupé l'Académie des Sciences de 1874 à 1878.

L'auteur du présent Mémoire n'a jamais partagé la confiance des promoteurs de cette entreprise. Il ne peut préjuger du sort qu'elle aurait eu dans la suite, en admettant, — ce qui est peu vraisemblable, — qu'elle eût abouti à réunir les sommes nécessaires à sa réalisation. Mais d'autres exemples l'autorisent à croire fermement que l'exécution de ce projet, d'une utilité très problématique, aurait entraîné à des dépenses exagérées, et que les capitaux engagés dans cette affaire auraient été absolument perdus.

Reprenant donc la question à son origine, il a exposé les objections sur lesquelles on était jusqu'alors inexactement renseigné, et que le rapport de la commission de l'Institut, publié pendant l'impression de son Mémoire, est venu entièrement confirmer.

Objet des différents paragraphes.

1. Etat de la question. — 2. Nécessité d'une étude des difficultés d'exécution du projet. — 3. Témoignages historiques relatifs à la dépression saharienne. — 4. Le projet d'y rétablir la mer. — 5. Accueil fait à cette idée. — 6. Incertitude de la géographie ancienne. — 7. Le lac Triton. — 8. Nature du sol de la région des chotts. Rareté de la pluie. — 9. Résultats du nivellement. — 10. Surface inondable. — 11. Dangers du climat pour les Européens. — 12. Climat et constitution médicale de la région des chotts. — 13. Etat sanitaire à Tuggurt. — 14. Insalubrité de l'Oued-R'ir. — 15. Organisation des centres habités. — 16. Influence des eaux salées. — 17. Mouches et moustiques. — 18. Insalubrité des eaux du pays. — 19. Insalubrité de l'Oued-R'ir. — 20. Dangers de la traversée des chotts. — 21. Absence de vestiges de l'occupation romaine. — 22. Emigration annuelle des nomades. — 23. La fièvre paludéenne à Tuggurt. — 24. La cachexie paludéenne dans le Sud de l'Algérie. — 25. Travaux d'assainissement à Tuggurt en 1872. — 26. Leur continuation en 1873. — 27. Essais de plantations d'eucalyptus. — 28. La mer intérieure considérée au point de vue des travaux d'exécution. — 29. Incertitude des dimensions du canal. — 30. Incertitude de la longueur du canal. — 31. Evaluation des dépenses (trois cents millions de francs). — 32. Objection de l'existence d'un seuil rocheux dans le golfe de Gabès. — 33. Influence de l'évaporation. — 34. Influence de l'imbibition. — 35. Influence sur le climat. — 36. Vent dominant. — 37. Trajectoire des bourrasques. — 38. Influence de la mer intérieure sur la sécurité du Sud. — 39. Nécessité de garnisons nouvelles. — 40. La mer intérieure considérée comme source de divers revenus. — 41. Etat du commerce des caravanes. — 42. Droits de passage. — 43. Droits de navigation. — 44. Conclusions.

Addition. — 1. Analogie des conclusions du Mémoire précédent avec celles du Rapport de la Commission de l'Académie des sciences. — 2. Réduction de la superficie inondable. — 3. Extrait du Rapport de la Commission académique. — 4. Nécessité d'une communication à établir entre les chotts Melr'ir et Rharsa. — 5. Données définitives du projet. — 6. Dimensions du canal. — 7. Nouvelle évaluation de la dépense (quatorze cents millions de francs. — 8. Evaporation dans la région des chotts. — 9. Incertitude des mesures de l'évaporation annuelle. — 10. Incertitude du rafraîchissement de la température. Autre objection, tirée de l'érosion des berges. — 11. Incertitude d'une modification du régime des pluies, et de la nature désertique de la région des chotts. — 12. Influence de l'évaporation sur le degré de salure. — 13. Envahissement progressif des dunes. — 14. Modifications à prévoir par l'action des sables — 15. Objections tirées de la destruction de certaines oasis. — 16. Examen du projet au point de vue commercial. — 17 Influence de l'humidité sur la culture du dattier. — 18. Incertitude de la notion légendaire du lac Triton. — 19. Absence de vestiges de coquillages marins. — 20. L'oiseau des Sebkhas. — 21. Questions encore à résoudre au sujet de la mer intérieure. — 22 Comparaison de ce projet avec d'autres entreprises. — 23. Exagération de certaines appréciations. — 24. Autres citations. — 25. Utilité d'une nouvelle étude de détail. — 26. Conclusions.

Les objections développées dans cette longue étude semblent avoir exercé une certaine influence sur l'opinion publique. M. L. Figuier en a donné à son tour un résumé dans le T. XXI, 1877, de l'*Année scientifique et industrielle*, pp. 211-227, sous les titres suivants :

Le projet de création d'une mer intérieure dans le Sahara au sud de l'Algérie et de la Tunisie.

Rapport de M. le général Favé à l'Académie des Sciences sur la possibilité et les avantages de cette création. — Opinions de MM. Dumas, Daubrée et Naudin.— Réponse de M. de Lesseps.— Objections de M. Naudin et de M. Cosson. — Mémoire de M. H. Brocard. — Evaluation des dépenses. — Difficultés d'exécution du projet. — Etat actuel de la question.

La bibliographie du Mémoire précité comprend les pages 218-227 de l'article de M. L. Figuier.

L'autorité scientifique du savant vulgarisateur n'aura pas été sans influence sur l'insuccès définitif du projet.

Géographie mathématique et physique.

Pour les Notices de Géographie mathématique et physique, voir ci-dessus, 1re Partie, pp. 13, 15, 44, 45, 54 et 64.

Physique du Globe.

Pour les Notices relatives à la Physique du Globe, voir *loc. cit.*, pp. 13, 15 et 25.

XXIII

SCIENCES NATURELLES

Les études de l'auteur n'ayant pas été dirigées vers les sciences naturelles, il ne s'est point trouvé préparé à des travaux spéciaux relatifs à ces sciences et qui auraient exigé des recherches approfondies. Cependant il ne les a point négligées et il se bornera ici à prouver qu'il a cherché à se tenir au courant des notions immédiatement utiles à la pratique.

ZOOLOGIE

Les seuls travaux de l'auteur, en zoologie, se résument à quelques études élémentaires d'entomologie de 1859 à 1864, et à des observations, plus importantes, suggérées par les différentes invasions de sauterelles dont il a été témoin ou dont il a essayé de retracer le développement.

Le détail de ces recherches a été exposé au cours de cette Notice (3e partie, pp. 10-30) ; il en est donc seulement donné ici une indication sommaire.

Résumés climatologiques mensuels publiés, par extraits, dans les Bulletins du Service météorologique du Gouvernement général de l'Algérie ou dans les documents de la Société météorologique de France (Notice, 3e Partie, pp. 10 et 11).

Bulletin du Mobacher (*loc. cit.*, p. 12).

Bulletin météorologique du Gouvernement général de l'Algérie (*loc. cit.*, pp. 13-14).

Résumés climatologiques (p. 15).

Bulletin météorologique algérien (pp. 19-20) où ont paru deux monographies des invasions de 1874 et de 1875.

Comptes rendus (p. 21). Invasion de 1874.

Nouvelles météorologiques (p. 22). Annonce du Mémoire sur l'invasion de 1874.

Annuaire de la Société météorologique de France (pp. 23-24). Monographies :

1° De l'invasion de 1874 (t. XXIII) ;

2° De l'invasion de 1875 (t. XXIV) ;

3° De l'invasion de 1877 (t. XXVI).

Exposition générale de la Société d'Agriculture d'Alger en 1876 (pp. 29-30). Les sauterelles d'Algérie employées comme appât pour la pêche maritime. Divers articles à ce sujet dans la *Correspondance générale algé-*

rienne, le *Mobacher* et la *Science pour tous* (nos des 29 mai, 2 octobre, 13 novembre et 18 décembre 1875).

Depuis la publication des études précitées sur les invasions de sauterelles en Algérie en 1874, en 1875 et en 1877, et sur les divers moyens proposés pour l'utilisation des sauterelles, une attention plus soutenue a été donnée avec raison à ces importantes questions qui intéressent à un si haut degré l'agriculture algérienne.

L'utilité de la continuation de cette étude systématique a été vivement appréciée, et le Gouvernement général de l'Algérie a confié ce soin à une Commission spéciale, dirigée par un savant naturaliste du Muséum, M. Künckel d'Herculais (voir, par exemple, *Comptes rendus*, t. 108, 1889, pp. 275-276).

De son côté, et avec les trop faibles moyens dont il disposait, l'auteur de ces lignes a essayé de réunir tous les renseignements possibles au sujet des invasions de sauterelles, non seulement en Algérie, mais aussi dans différents pays. Ces études forment autant de monographies encore inédites. Voici, pour le moment, le titre de chacune d'elles, et une courte indication de leur objet.

ALGÉRIE

Articles de fonds.

Notes sur des invasions de sauterelles en Algérie antérieures à 1882.

Remarques sur les invasions de sauterelles en 1866, 1873, et à d'autres époques.

Notes sur les invasions de sauterelles en Algérie en 1885, 1886 et 1887.

Renseignements destinés à une étude systématique de ces trois invasions.

Invasion des sauterelles en Algérie en 1888.

Ce mémoire a été présenté à la Société de Statistique de l'Isère, le 2 juillet 1888, au moment où l'auteur venait d'en terminer la rédaction.

Une analyse en a été insérée au procès-verbal de la séance (voir *Bulletin*, (3) XIV (XXVe de la collection) 1889, 238-239.

Invasion des sauterelles en Algérie en 1892.

Principaux faits relatifs à cette invasion.

CONTREES DIVERSES

Articles de fonds.

Notes sur des invasions de sauterelles dans divers pays.

Renseignements sur certaines invasions observées en plusieurs régions, notamment à Montpellier en 1365, en Provence en 1613, en Autriche et en

Turquie (1747-1748), en Chine (1856), au Sénégal (1862), en Asie-Mineure (1863-1864), en Russie (1880).

Traductions.

Invasion de sauterelles (Pachytylus migratorius) dans la vallée du Rhin (Canton des Grisons) en juin 1875. (Allemand).

Traduction d'une monographie de M. Chr. G. Brügger, de Coire, publiée dans les *Verhandlungen der Allg. Schweiz-Naturforsch. Gesellschaft zu Andermatt*, 12-14 sept. 1875 (pp. 169-187).

Sur les relations de la période des taches solaires avec les phénomènes météorologiques, par M. le Dr F. G. Hahn, Leipzig, 1877, in-8° (Allemand).

Ce travail est annoncé dans les *Astronomische Nachrichten* (mars 1878) par M. R. Wolf, de Zurich. M. Fritz en a donné un compte rendu bibliographique, dont cette note est le résumé.

Ce mémoire renferme un tableau des principales migrations de sauterelles en Europe, de 1800 à 1862, duquel il résulterait que ce fléau a généralement coïncidé avec les minima des taches solaires.

Autres documents

A cette liste de mémoires et traductions, il convient d'ajouter les documents suivants, publiés dans des journaux scientifiques :

Les hommes-chiens dans l'antiquité. (*La Science pour tous*, 1874, t. XIX. p. 120, 2 colonnes.)

Assertions d'écrivains anciens relatives à certaines peuplades fabuleuses.

John Lubbock. — *De certains rapports qui existent entre les plantes et les insectes.* (*Les Mondes*, 1877, t. XLIV, pp. 437-445, 477-488.)

Collaboration à la traduction d'une intéressante étude des influences qu'exercent les plantes sur les insectes et de l'influence inverse des insectes sur diverses plantes.

BOTANIQUE

L'auteur a donné beaucoup de temps à des études de Botanique et de Physiologie végétale et il a, notamment durant son séjour à Strasbourg, fait de nombreuses tentatives de constitution d'un herbier artificiel (1859-1864).

Plus tard, en résidence à Alger, il a suivi avec assiduité les excursions botaniques entreprises par la Section scientifique de la Société des Beaux-Arts, sous la direction de M. Durando, et qui réunissaient chaque dimanche un grand nombre d'amateurs et de naturalistes français et étrangers. C'est ainsi qu'il pu suivre presque toutes les excursions qui eurent lieu du 24 octobre 1875 au 30 avril 1876, la plupart aux environs d'Alger (Sahel et Mitidja) et quelques-unes plus lointaines, telles que la Chiffa, le Fondouk, Teniet-el-Hâad, Staoueli, Maison-Carrée, Gué-de-Constantine, Guyotville, etc.

Lors de son deuxième séjour à Alger, les circonstances ne lui ont plus permis de suivre ces intéressantes excursions. Il a donc seulement pris part à celles du 7 décembre 1879 (Maison-Carrée, Harrach) ; 18 janvier 1880 (Mustapha) ; 1er février (Aïn Baïnen, Cap Caxine) ; 12 novembre 1881 (Bou-Zaréa) et 4 décembre (Cap Caxine, Guyotville).

Désigné, antérieurement, le 21 août 1875, pour faire partie d'une commission chargée par la Société de Climatologie algérienne de coopérer à la rédaction d'une carte botanique de l'Algérie, il a recueilli, au cours de ses voyages en ce pays, de nombreux renseignements sur la distribution géographique de certaines espèces végétales, l'halfa, le palmier-nain, l'olivier, etc.

Il a étudié aussi la question du déboisement en Algérie et de la reconstitution des forêts.

GÉOLOGIE

Dans le domaine des études de Géologie, l'auteur signalera quelques excursions géologiques :

1° Aux environs de Metz (1868-1869).

2° A Bar-le-Duc (1868-1869).

3° A Cette (23 janvier 1870).

4° A Frontignan (25 janvier 1870).

5° En Algérie, sur le territoire de la Kabylie orientale (1871) ; la montagne de sel d'El-Outaïa (1872) ; la région des Chotts et puits artésiens de l'Oued-R'ir (1872) ; les gisements de salpêtre de Braritz (1873).

6° En compagnie de M. Ch. Sainte-Claire Deville, une excursion des plus intéressantes et des plus instructives au cours de laquelle il a visité la montagne de sel de Djelfa, et l'Oued-Mzi où l'on rencontre une multitude de vestiges de phénomènes éruptifs, ainsi que des échantillons minéralogiques exceptionnels (8 mai-18 juin 1874). Coopération à la détermination de l'altitude de la montagne d'Aflou au moyen d'observations barométriques (1er juin 1874).

7° Aux environs d'Alger, sous la direction du Dr Bourjot (2 mai 1875, 11 mai 1876, etc.).

8° A Grenoble (1877-1879).

9° A Mokta-el-Hadid (mine de fer) aux environs de Bône (Algérie) (17 juin 1880).

Notes publiées :

Secousses de tremblement de terre éprouvées en Algérie, le 28 mars 1874 (Notice. 3e Partie, p. 21. *Comptes rendus*, 1874, t. 78).

Secousse de tremblement de terre, le 7 décembre 1874, à Dra-el-Mizan (loc. cit. p. 22. *Nouvelles météorologiques*, 1875, t. VIII).

Minéralogie.

Au cours de plusieurs des excursions géologiques susmentionnées, l'auteur a recueilli quelques échantillons de minéraux qui ont servi de rudiment à la collection minéralogique de l'École régimentaire du Génie à Grenoble (Voir 2e Partie, p. 10).

Hydrologie.

Pour les Congrès internationaux d'Hydrologie et de Climatologie, voir ci-dessus, p. 48.

ARTICLE DE FONDS

Le phénomène des « Fontaines et Chemins » sur l'eau des lacs et des mers. (*La Science pour tous*, 1874, t. XIX, p. 320-321, 2 colonnes).

Addition à d'intéressantes remarques publiées dans le même volume, p. 169, par M. Forel.

Spéléologie.

Sur la proposition de M. Martel, fondateur de la Société de Spéléologie (exploration des cavités souterraines) l'auteur a fait, en 1894, d'actives démarches pour obtenir l'adhésion de la Société des Lettres, Sciences et Arts de Bar-le-Duc, de la Section meusienne de la Société de Géographie de l'Est, ainsi que de la Commission météorologique de la Meuse et engager la Société de Spéléologie à décider, dans un avenir prochain, une exploration systématique du sous-sol de la Meuse où il paraît exister de nombreux et intéressants specimens de rivières souterraines, comme on doit s'y attendre d'après la constitution calcaire de la région.

L'auteur croit aussi devoir mentionner, au moins pour mémoire et comme ayant trait à la Spéléologie, plusieurs visites de cavernes d'Algérie bien connues des touristes : Cap Caxine, Aïn-Baïnen et Guyotville, aux environs d'Alger, (1874 et 1875) ; la Chiffa, (1875) etc.

XXIV

BIBLIOGRAPHIE
DES
SCIENCES D'OBSERVATION

Ainsi qu'il l'a annoncé (p. 19 de la 2e Partie) l'auteur donne ci-après l'indication résumée de ses travaux publiés ou encore inédits, relatifs à la bibliographie des Sciences d'observation.

Notes publiées.

I

De la météorologie des Anciens.

Article publié dans *la Science pour tous*, t. XIX, 1874 pp. 409-410, 416-417. 8 colonnes.

Examen de ce que les anciens ont pensé de la foudre, des nuages, des météores aériens (pluie, neige, grêle, vent), des météores lumineux (arc-en-ciel, aurore boréale) et des tremblements de terre.

II

Doctrine de la fin du monde.

Article publié dans *la Science pour tous*, t. XVIII, 1873, pp. 387-388. 3 colonnes.

Résumé d'hypothèses qui ont eu crédit chez les anciens. Annonces faites à diverses reprises. La grande année de Platon et d'Aristote.

Mémoires encore inédits.

I

Progrès de la spectroscopie céleste.

Exposé des résultats obtenus dans l'étude spectroscopique de la lumière des étoiles, des nébuleuses, etc., de 1863 à 1875.

II

Le verre incassable dans l'antiquité.

Note relative à un commentaire de M. Littré à un passage de Pline l'Ancien, sur la fabrication du verre.

III

Les Satellites de Mars.

Note présentée le 7 juillet 1879 à la Société de Statistique de l'Isère et dont un extrait a été inséré aux procès-verbaux des séances (voir le Bulletin, t. XXI, pp. 4-5 et aussi pp. 42 de cette Notice, 3e Partie).

IV

Note sur les Etoiles variables.

Essai d'explication de la variation d'éclat de ces étoiles.

V

Les lois de Kepler.

Traduction de divers passages des œuvres complètes de Kepler, relatifs aux trois lois qui ont reçu le nom de l'illustre astronome.

VI

Géodésie. — Conséquence de la sphéricité de la Terre.

Note sur l'évaluation numérique de la dépression de l'horizon pour une portée donnée en kilomètres.

VII

Biographie de sir John Frédéric William Herschel.

Traduction de l'intéressant article de M. N.-S. Dodge, publié au *Smithsonian Report* de 1871.

VIII

Règle-montre solaire portatif, indépendant de la méridienne.

Description d'un très ingénieux règle-montre solaire, imaginé par M. de Peyronny.

IX

Réflexions sur la loi de Bode et la Théorie cosmogonique de Laplace.

Examen de différentes indications, tirées de la loi ou règle empirique de Bode, et qui pourraient avoir leur utilité dans l'application des mathématiques à la théorie cosmogonique de Laplace.

X

Extension de la loi de Bode aux satellites des planètes supérieures.

Addition au précédent article et indication de quelques résultats numériques, d'après M. Oltramare (*Comptes rendus*, t. 70, 1870).

Note. — Les Mémoires II, IV, VI, VII, VIII de cette liste ont été communiqués à la Rédaction de *la Science pour tous.*

XI

La lettre de Copernic à Wapowski, et le Traité de la Précession de Werner.

Traduction d'une notice publiée en 1880 par M. S. Günther et dans laquelle il s'agit d'une tentative de réfutation de la théorie de la précession du mathématicien de Nuremberg Jean Werner. Cette réfutation a été exposée dans une lettre de Copernic à Wapowski, datée du 3 juin 1524.

XII

Théories cosmogoniques des anciens.

Témoignages divers, relatifs aux cosmogonies anciennes et à la création des êtres, d'après Virgile, Lucrèce, les Egyptiens, Ovide, Diodore de Sicile, Manilius, Aristote, Pline, Sénèque et un grand nombre d'autres philosophes.

XIII

Réflexions sur les forces naturelles et sur les forces moléculaires.

Attraction universelle. Lois de Kepler. Lois du mouvement des planètes pour une gravitation donnée. Unité de la matière. Vérification de la loi de la gravitation universelle. Densité du globe. Hypothèses sur la constitution intérieure de la Terre. Cohésion. Calorique. Adhésion. Capillarité. Elasticité. Zéro absolu. Remarques diverses.

XIV

Observations d'optique.

Remarques sur plusieurs phénomènes d'Optique, notamment d'Optique atmosphérique (halos, arc-en-ciel, couronnes, parhélies, etc.) ; d'Optique physiologique (coloration accidentelle des objets, phénomènes de la vision, etc.) ; d'Optique physique (formation des images multiples, visibilité de faisceaux lumineux, réfraction de la lumière électrique, etc.).

XV

Le Koran et la Science chez les Arabes.

Transcription de tous les passages du Koran dont on pourrait tirer différentes opinions des Arabes sur l'Astronomie, la Physique, la Météorologie, etc.), et sur la Science en général.

MÉLANGES

Pour terminer cette liste, en y laissant cependant bien des lacunes, l'auteur mentionnera quelques travaux qui ne sont pas, aussi exactement que les précédents, en corrélation avec les subdivisions adoptées dans cette Notice.

NOTES PUBLIÉES.

I

Les Pléiades et le Zodiaque, par M. Ernst Von Bunsen.

Traduction du compte rendu bibliographique très intéressant et très documenté de M. S. Günther paru au *Vierteljahrschrift der Astronomischen Gesellschaft* t. XV. 1880.

La traduction, obligeamment vérifiée par M. G. Braemer, a été publiée dans les n[os] des 24 et 25 octobre 1885 de la *Tribune du Midi*, journal édité à Montpellier.

II

Redoublement des lettres dans diverses langues.

Voir le Journal *la Science pour tous*, t. XXI. 1876, p. 26, 1 colonne.

Traduction d'un extrait du *Smithsonian Report* de 1873 renfermant une notice biographique sur Ch. Babbage, dans laquelle on trouve une statistique relative au redoublement des lettres dans dix mille mots anglais, français, italiens, allemands et latins.

MÉMOIRES ENCORE INÉDITS.

I

La Chronologie dans l'Histoire et dans le Roman.

Etude critique présentée en 1894 à la Société des Lettres, Sciences et Arts de Bar-le-Duc, avec application au chef-d'œuvre de Cervantès.

II

Répertoire de bibliographie des Comptes Rendus.

Ainsi qu'il l'a exposé ci-dessus (1re Partie, pp. 58-61, § XX) l'auteur a reçu communication de la Collection complète des *Comptes rendus* des séances de l'Académie des Sciences de Paris (tomes 1 à 119, 1835 à 1894), pour la rédaction du Catalogue des fiches mathématiques. Il en a profité pour réunir quelques indications bibliographiques sur diverses découvertes scientifiques.

TABLE DES MATIÈRES

Titre Général. III
Liste des principaux titres et services scientifiques de l'auteur. . . . V

PREMIÈRE PARTIE

Travaux scientifiques et mémoires relatifs aux Mathématiques pures et appliquées et à l'Astronomie.

I. Nouvelles Annales de Mathématiques. 3
II. Journal de Mathématiques spéciales publié par les élèves du Lycée de Montpellier. 7
III. Ouvrage distinct. Mémoire sur divers problèmes de Géométrie dont la solution dépend de la trisection de l'angle. 10
IV. Bulletin des Sciences mathématiques et astronomiques. . . . 11
V. Bulletin de la Société mathématique de France 17
VI. Nouvelle Correspondance mathématique 19
VII. Essai de vulgarisation scientifique. Notions d'Astronomie populaire. 24
VIII. Mathesis. 26
IX. Association française pour l'avancement des Sciences 33
X. Journal de Mathématiques élémentaires et de Mathématiques spéciales 35
XI. Académie des Sciences et Lettres de Montpellier 39
XII. La Science pour tous. 43
XIII. Les Mondes. 46
XIV. Mission spéciale. Inspection de l'Observatoire d'Alger en 1882. 48
XV. Zeitschrift für mathematischen und naturwissenschaftlichen Unterrich 49
XVI. The Educational Times 52
XVII. El Progreso matematico. 54

XVIII. L'Intermédiaire des Mathématiciens. 56
XIX. Collaborations diverses 57
XX. Répertoire bibliographique des Sciences mathématiques . . 58
XXI. Bibliographie mathématique. 62

DEUXIÈME PARTIE

Travaux scientifiques et Mémoires relatifs à la Physique et à la Chimie et aux Sciences d'observation.

Organisation et enseignement de Cours de Physique et Chimie. . . . 3
Ouvrages didactiques. 13
Physique et Chimie, et histoire de ces Sciences. 17
Travaux divers relatifs aux Sciences d'observation. 19
Télégraphie optique. 20
Missions particulières. 22
Eclairage et télégraphie électrique. 23
Observations, expériences et recherches diverses. 25

TROISIÈME PARTIE

Travaux scientifiques et Mémoires relatifs à l'Economie rurale, à la Météorologie et aux Sciences naturelles.

Résumé de divers travaux ayant pour objet l'Agronomie, l'Economie rurale, la Statistique agricole, la Géographie commerciale, etc. . . 3
Service météorologique du Gouvernement général de l'Algérie . . . 3
Mémoires et travaux de Météorologie et Climatologie 7
I. Commissions météorologiques départementales. 7
II. Publications diverses relatives au Service météorologique du Gouvernement général de l'Algérie 9
III. Bulletins météorologiques quotidiens. 12
IV. Résumés climatologiques. 15
V. Bulletin de l'Instruction publique de l'Algérie. 17
VII. Bulletin météorologique algérien 19
VIII. Comptes rendus des séances de l'Académie des Sciences de Paris. 21
IX. Société météorologique de France 22
X. Société des Sciences physiques, naturelles et climatologiques d'Alger 25
XI. Exposition générale de la Société d'Agriculture d'Alger, en 1876. 29
XII. Concours agricole et Exposition industrielle, scolaire et artistique d'Alger, en 1881 31
XIII. Association française pour l'avancement des Sciences. Congrès d'Alger. 33
XIV. Conférence à la Réunion des Officiers d'Alger. 37

XV. Les Mondes. 38
XVI. Société de Statistique, des Sciences naturelles et des Arts industriels du département de l'Isère. 40
XVII. Traductions de Notices météorologiques 43
XVIII. Notices encore inédites 45
XIX. Congrès météorologiques internationaux. 48
XX. Météorologie de la Meuse 49
XXI. Economie et hygiène rurale, Statistique agricole, agronomie. 51
XXII. Géographie commerciale 54
XXIII. Sciences naturelles 58
XXIV. Bibliographie des Sciences d'observation 63

ERRATA

1re PARTIE

Page 22, ligne 8 en remontant.
Au lieu de **Tome IV,** *lisez* **Tome III.**

Page 48, ligne 1.
Au lieu de **XIII,** *lisez* **XIV.**

2e PARTIE

Page 18, ligne 14 en remontant.
Au lieu de **W. Oldinc,** *lisez* **W. Odlinc.**

3e PARTIE

Page 25, ligne 21 en remontant.
Au lieu de **formés,** *lisez* **fournis.**

Bar-le-Duc. — Imprimerie Comte-Jacquet.

www.ingramcontent.com/pod-product-compliance
Ingram Content Group UK Ltd.
Pitfield, Milton Keynes, MK11 3LW, UK
UKHW021049230726
13926UKWH00004B/1742

9 782016 164433